U0336699

区块链
+
数字农业

2030 未来农业图景

马 磊 编著

中国科学技术出版社
·北 京·

图书在版编目（CIP）数据

区块链 + 数字农业：2030 未来农业图景 / 马磊编著.
—北京：中国科学技术出版社，2020.5
ISBN 978-7-5046-8630-5

Ⅰ.①区… Ⅱ.①马… Ⅲ.①电子商务—支付方式—
应用—农业—研究—中国 ②数字技术—应用—农
业—研究—中国 Ⅳ.① S126

中国版本图书馆 CIP 数据核字（2020）第 059944 号

总 策 划	秦德继　顾　斌	
策划编辑	田　睿　戚琨琨	
责任编辑	陈　洁	
封面设计	赵　亮	
正文排版	锋尚设计	
责任校对	邓雪梅	
责任印制	李晓霖	

出　　版	中国科学技术出版社	
发　　行	中国科学技术出版社有限公司发行部	
地　　址	北京市海淀区中关村南大街 16 号	
邮　　编	100081	
发行电话	010-62173865	
传　　真	010-62173081	
网　　址	http://www.cspbooks.com.cn	

开　　本	880mm×1230mm　1/32	
字　　数	135 千字	
印　　张	7	
版　　次	2020 年 5 月第 1 版	
印　　次	2020 年 5 月第 1 次印刷	
印　　刷	北京盛通印刷股份有限公司	
书　　号	ISBN 978-7-5046-8630-5/S·761	
定　　价	69.00 元	

本书试图以探索者的视角诠释：按照区块链与数字农业相结合的发展逻辑，十年之后的中国农业和农村、农民大概会变成什么样子。

本书从当下中国农业面临的各项问题谈起，指出中国农业的典型问题是"长尾"产品供应和规模化的市场不相匹配，因此造成了绿色有机农业生产者举步维艰，而消费者买不到好产品的现状。而农业引入信息技术（IT）领域的数字化成功经验，可以解决上述传统农业的错配问题。

农业数字化的核心是区块链技术和理念的全面介入，搭建起一个建立在契约和信用基础上的，按照共识机制自动化程序运行的农业数字生态体系。这套体系能让食品安全监管、农事生产、农产品销售进入一种良性循环。本书因此列举了茶和道地中药材的案例，介绍了如何搭建这两个领域的垂直区块链体系。

个性化食材作为一个信息技术（IT）和生物技术（BT）的跨界原始创新，本身描绘出了一个有趣的未来图景，人们可以通过算法和最新的肠道基因组检测技术进行个性化匹配。而区块链通过分布式的布局，既保证了数据安全，又能造福于民。

本书在内容表达上有诸多技术性描述和商业实践探讨，对农业和产业互联网、新产品零售等领域管理者和从业者都会有所启发。

众所周知，中国是农业大国。传统的古代中国社会通常被称为农耕社会，整个社会生活都建立在小农经济基础上，同样，中国古代主流思想家都倡导"农本"，甚至主张"重农抑商""重农轻工"，因为农业是国之基、生之源、民之本。然而，在西学东渐之后，特别是在开启了追赶型现代化进程之后，工业和城市化成为中国社会发展的新引擎，中国以迈向高度的工业化为发展目标，在行政指导理念上大力推行"城镇化""技术至上""工业优先"的战略，国民的价值观也为之一变。农业因此为工业让路，农业收成带来的利润转化成为工业发展的积累资本，农业自身却长久停留在以人力和畜力为主要动力、农户自发存种、靠天吃饭之类千百年来的古老模式上。农村的土地经常被征用、被改性以满足工业用地、厂房建设、城市扩张的需要，农村土地使用的可持续性、农作物的自然生长周期被人为打破。更严重的是，通过招工、征兵、考学等方式，农村的青年才俊、能人巧匠、年轻后生都不断地离开，却因城乡二元行政管理的限制，很难回乡反哺乡民。结果，农业沦为了末业，农村日渐凋敝，农民也成为"等外民"。这就是20世纪90年代中后期被许多学者大声疾呼的"三农问题"。

进入21世纪以来，特别是近十年来，这一局面大为改观。这一方面得益于我国推出了多项惠农政策，减税免税和农业补贴等都让最基层的广大农民直接受益。新时期开启的扶贫攻坚工程，通过精准扶贫系列工作，让无数挣扎于贫困线下的农户得以摆脱饥寒之苦。政府的作用是巨大而显见的，但是成本也是巨大的。民间力量，特别是组织化、利益主导的企业，只有它们大举介入才可能带来中国农业的新面貌，促成农村的新发展，实现农民的新转型。与政府相比，企业会充分利用市场机制调动农村的各种生产要素，促成农业的深度变革；与个体农户相比，企业具有资本、技术、信息等方面的优势，可以创造出倍加、放大的效益，提升农产品的附加值。

自20世纪80年代互联网的兴起，人类逐渐步入网络社会，信息高速公路的建设和互联网企业的充分竞争，加速了网络技术的迭代更新，最终形成了全新的网络经济。网络经济不仅给支付、物流、仓储等商品的买卖、保管、运输带来了全新的改变，更是对人的行为、意识乃至存在方式和自我定位都进行了重新解读，将生产者与消费者、不同的生产者之间、行为者和行为的监督者之间全方位、无缝衔接起来，"信用""契约""诚实"等经济社会美德，曾被看作软约束的道德评价，借助网络技术、数据拼接、即时体验评价等手段，正在变成切实的个人定在，人在网络上的全部痕迹被链接、描画出比那个人更加"真实"的化身。

马磊先生的这本书就是对这一正在发生的变化及其可能的未来前景所做出的一种深度揭示，侧重的是农业领域，以农产品的返璞归真为宗旨，完成了一次否定之否定的过程。预测未来是十分困难的，马磊先生之所以自信能够预测并笃信预测的结果，是因为他是"道中人"，或者换句话说是"业界资深人士"。马磊先生2005年从人民大学哲学院硕士毕业后就投身互联网领域，进入一家国内顶尖的互联网企业，十年间他主持过多个重要的栏目，负责过多个影响重大的项目，成绩斐然，声名卓著。2016年，他毅然辞职，他知道，互联网正在深刻改变现代中国和整个世界，他再不投身其中就将与之擦肩而过，他想在若干年后可以自豪地告诉他的孩子："我也曾是弄潮儿，互联网的进步和成就也有我的一份！"

基于对"农业涉及每个个体的生活品质和生活质量"的信念，对"区块链的共享共治价值将促成各利益相关人发挥真正的主人翁作用"的事业心，马磊先生选择了农业这个古老且常新的行业，他要打造数字农业，让所有中国人切实分享生态农业、绿色农业的实惠。这不正是我们念兹在兹的初心吗？！

　　马磊已经前行，别犹豫，我们紧步跟上，成为他的后援者，共同见证未来数字农业是如何在当下的中国一步步变成现实的。

李　萍

中国人民大学哲学院教授、博士生导师

2020年2月于北京寓所

2019年第四季度，我接受中国科学技术出版社邀请开始动笔写本书的时候，新型冠状病毒肺炎疫情并没有像现在这样肆虐华夏大地，直到写完最后一章，我抬头看看北京窗外这场持续好几天的鹅毛大雪，感慨万千。

这些日子对所有中国人而言都是难熬的，那一组组冰冷的数字后面是一个个活生生的人，但这些生命之花在疫情面前毫不畏惧，展现出了生命的顽强与伟大。

25年前，我从云南的一个小县城考入中国人民大学哲学系，开学的第一天是大课，一位上了年纪的老先生拄拐慢慢走上讲台，在黑板上写下"Philosophy"："同学们，这是哲学的英文，哲学这个词，我们直译过来叫什么？'爱智慧'。"

"爱智慧，爱和智慧"的种子就在那天种下。

后来我了解到这位老先生叫苗力田，这是唯一的一次老先生给我们上课，当时他已经疾病缠身，却仍然坚持给刚刚走入大学校园的孩子们播种希望。五年后他便离开了人世。

苗老先生不但是中国最优秀的哲学家，更是在全世界数得着的几位古希腊文语言大师，人们甚至认为苗老先生的古希腊文比希腊本土的学者还要精湛，对世界影响深远的《亚里士多德全集》就是苗老先生组织翻译过来的。

2017年我们转型在区块链领域创业的时候，朋友们问我："为什么你这么容易理解这件事？"我说："这是因为，20多年前，我大学时期的专业是哲学系的伦理学，比较容易理解契约和信用的关键作用。"

苏格拉底说："我唯一所知的是，我一无所知。"人类被设计成这样，缺陷才是个体最大的特征。而因为个体先天自然禀赋和后天认知差异，以及经常被不可避免的个体利益所挟制，才会经常做出损人短期利己但长远反噬自身的决定。

承认每个个体本身的局限，才能够深刻理解一个多元化的社会和多方确权发声的流程和协议是多么重要：相对于个体缺陷，互补的群体才是相对客观和强大的，建立在"说真话"即真实信息基础上的集体决策，才是最科学的。

这恰恰是社会组织需要不断研究的课题，这也是区块链技术对于推进人类社会组织改良的核心作用：为了确保决策或结果的公平或更接近事实，我们需要更多有能力的个体加入做集体决策。而在执行层面，为了确保信息获取和流程的客观公正，机器和程序比天然带有主观性的人更值得信赖。

因此，区块链为了达到客观公正的目标，在技术底层设计的时候就没有给"修改"键和"删除"键留下位置。一言既出，驷马难追，所有的记录和行为都会变成呈堂证供，对违规行为公示及惩戒，以彰显区块链思想对人类组织当中撒谎行为的深恶痛绝。

基于区块链的上述技术特点，它调节生产关系的核心作用便浮出水面。我们认为在某种程度上，它比其他提高生产效率的技术更重要，因为把握正确的方向比跑得快更重要。好比"南辕北辙"，如果方向不对，生产效率越高，结果会坏得越离谱。

例如，涉及某些公益性质的领域，尤其是教育、医疗，究竟如何均衡经济利益和社会公益？在某些经常引发争执和诟病的民生领域，是不是可以引入区块链的共享、共治、共同监督的方案，让利益相关人发挥真正的主人翁作用？让流程更透明？

于农业而言，我们面临的问题是化肥农业的一统天下。

生产周期短、产量高的农作物品种和种养殖方式，在各个领域成为主流，几乎要淘汰掉那些成长时间长、产量低的农作物品种和种养殖方式。

很多土猪、土鸡没人养了，人们等不了蔬菜自然成长；漫山遍野的茶树，在所谓新的种植技术下量是起来了，但总喝不出原有的茶味儿；中药材不地道，更成为中医备受质疑的主要原因。

更可怕的是，从健康的角度而言，由于人体摄入太多用激素和化肥催熟的农产品，加上现代生活的不规律，造成许多人身体免疫力差，抵抗力不强。

因此，随着人们财富的积累，身体健康变得越来越重要，吃好吃健康成为消费者呼声，而化肥农业向绿色农业和生态农业的进化也成为行业共识——我们认为这也是历史的必然，而这也是当下中国许许多多有志之士的事业选择，星星之火，渐成燎原之势。

在生产层面，这十几年来，全社会涌现出许许多多投身于绿色农业、有机农业和无公害农业生产实践的理想主义者，他们都在做各种努力，在农业的各个细分领域试图提供更安全、更绿色、更有机的好东西，搭建迥异于大批量生产的特色产品供应链，宣传健康饮食生活方式。

然而，这些人和企业当下普遍举步维艰，农产品从卖相上很难区别品质，价格高低成为主要的评判标准，再加上不可避免的假冒伪劣现象，因此，生态产品成本高、售价高，往往竞争不过普通农产品。

而应对这些问题，恰恰是区块链的强项。我们不缺对绿色健康产品的需求和市场，不缺绿色种养殖的专家能手，不缺资金和投入，缺乏的是一套集体投票的公正透明的产销机制和信用体系，缺乏的是农业的高效生产技术和数字技术的跨界融合。

日本在20世纪六七十年代经历着我们今天正在经历的阵痛，跟他们比起来，我们可以学习之、借鉴之、发挥后发优势。而且我们比当年的日本更有优势的是，数字经济发展了这么多年，我们不必做更多的用户教育。

未来十年，在以区块链为核心技术的综合应用下，中国的农业一定会走向一种以销定产的数字经济模式，反推生产环节的绿色、有机、无公害，中国农村也会呈现出不一样的社会风貌，而农民也将演进成为"农业产业工人"，更受人尊重。

我从学校毕业以后的很多年都在互联网公司工作，工作内容涉及从产品、采编，一直到公司运营、公司治理。现在创业五年了，每天都要面对必须解决的亟须解决的实际问题，因此行文风格不像学者那样逻辑严谨，但是力求言简意赅，把我们的思考和做的事情说清楚。

另外，区块链和绿色农业、生态农业，包括数字经济学，都是全新的前沿领域，充满了各种原始创新的要素，有诸多地方有待探索。本书所提到的各项议题，相信都是充满争议的，这是一本面向未来的书籍，是我们对于未知的思考，以及我们正在探索的一些事情。但是因为本人知识储备和个人经历的局限，肯定会有不准确的地方，所以邀请了一些朋友和专家协助（例如，中医部分的内容就邀请了我的好朋友胡军撰写，互联网、数字经济学和农业农村的诸多专业问题都尽量和行业内专家进行过几轮的探讨），在此对他们的帮助表示感谢。区块链的精神是建设性的共享和共治，欢迎读者和我们一起来探讨。

人是万物的尺度，认识自我的不足，方可以养成群体的强大。

2020年2月7日　北京

目录

第三章

初级农产品监管和数字标签的使用

第四章

订单农业和数字经济学

第五章

专题：茶，道地中药材

第六章

基于区块链的个性化食材匹配

第七章

契约农业和最美乡村

第一章

好东西卖不上
好价格的原因概述

区块链的思想本质，在于提供一种用技术手段自动运行，而不是依赖单一的权威主体完成信用确权和价值传递的过程——区块链从根源上而言，是为了一个可信赖的社会运行机制，也就是为"信用"服务的。

　　对于信用，中国从古至今都有对其重要性的阐释。从社会组织诞生的第一天起，不论东方还是西方，都把信用视为最宝贵的财富。中国当下农业的诸多乱象，尤其是优质初级农产品生产和销售举步维艰，是同中国农业领域信用和契约体系建设的不完整现状密不可分的。

　　所以，一切的源点，先从信用谈起。

　　"令既具，未布，恐民之不信己，乃立三丈之木于国都市南门，募民有能徙置北门者予十金。民怪之，莫敢徙。复曰：'能徙者予五十金。'有一人徙之，辄予五十金，以明不欺。卒下令。"这是流传最广的脍炙人口的关于信用的故事，出自《史记·商君列传》。

商鞅立三丈之木于国都闹市的南门，贴告示说如果有谁能把这块木头搬到北门，给予十金奖励。鉴于此前官府向来说话不算数，便没有人去搬这块木头。商鞅又说："能搬的人给五十金。"于是，有个大胆的人把这块木头扛到了北门，商鞅马上给了他五十金，以表明官府是遵守诺言的。

其实商鞅所处的战国之前，中国古代智慧当中，便对信用有较为完整的阐释。

关于信用的提法，最早出自《礼记·礼运》："大道之行也，天下为公。选贤与能，讲信修睦。"讲信用，是和天下为公的大同社会放在一起的一项基础保证。

"信"字由"人"与"言"构成，专指人的言谈的真实性，言行一致、心口如一。

到了中国儒家这里，把"信"与"仁、义、礼、智"并称为儒家"五常"或"五德"，乃为人处世的基本准则。

"人而无信，不知其可也。大车无輗，小车无軏，其何以行之哉！"《论语·为政》当中的这句话，形象地描述了信用的重要性。"輗"与"軏"指车辕前端与车横木衔接处的活销与销钉。丧失信用的人就像是无法上路行驶的缺少活销与销钉的车子，没办法在社会上立足。

儒家之外的诸子百家，对诚信都很推崇。

墨子说："言不信者行不果。"（《墨子·修身》）他认为说话不诚实的人，做事也不会有成绩。

法家代表人物管仲率先提出"诚信"的概念："先王贵诚信。诚信者，天下之结也。"（《管子·枢言》）他认为诚信能够集结人心，使天下统一。韩非子则主张："小信诚则大信立。"（《韩非子》）一个国家如果小事上讲信用，那么在大事上也能取信于民。

　　西方智慧中，对"诚信"同样有多种阐释，不过不同于中国哲学的娓娓道来的通感讲述方法，西方的思想家阐述更重逻辑，也更系统。在浩如烟海的著作中，孟德斯鸠的《论法的精神》和卢梭的《社会契约论》，基本讲清楚了为什么要讲信用，以及如何组织信用社会；而英国功利主义思想，则把"诚实守信"这个伦理要求本身所具有的利大于弊的账，计算得清晰明白。

　　主流的信用社会思想是这样构建其逻辑的：信用是社会运行最重要的组织原则，人与人、机构与机构彼此之间多种联系，尤其是经济联系，都是以契约的形式完成的。个体，或者组织和机构最宝贵的财产是其个人信誉，信用破产是比货币破产更难以挽回的灾难。无法想象一个不守规矩、背信弃义的社会如何能够正常运行。

　　同样，为了保持建立在各种契约基础之上的社会组织运行，需要有第三方的各种方式保证契约的威严，让违约者受到应有的惩罚。

　　现代社会组织，信用和契约是不可或缺的基础设施。但是因为种种交织在一起的复杂原因，涉及中国国计民生的食品领域，尤其是初级农产品领域，却缺乏这样完整的现代契约的基础保证。

而因为信用缺失问题引发的，是错综复杂的中国农业商业伦理、农民素质、科技和创新、农民收入等诸多问题。

卖不出去的好大米

2014年6月，40多岁的老杨从中国国际广播电台的领导岗位辞职，开始陆续在东北五常地区的某乡承包了1000亩（1亩≈666.7米^2）土地经营五常大米，五年下来，经营举步维艰，负债累累。

我问过老杨这个问题：都说绿色有机农业不好做，为什么创业项目要选五常大米？

老杨说，2014年的时候央视有过一个报道称，按照五常地区现有的土地计算，大米年产量大概为110万吨，但是市场上打着五常大米旗号售卖的大米超过1000万吨，也就是说90%都是假的。老杨是东北人，周围的朋友们都问他这个东北人能不能搞点真的五常大米？朋友们能吃点好的。

五常大米，国家地理标志产品，其良好口碑可追溯到清朝乾隆年间，彼时五常地区就开始有栽培优质水稻的历史记载，在不到200年的时间里，五常稻花香大米声名鹊起，就连饮食挑剔的慈禧太后对此也赞不绝口："非此米不能进食。"自此，"五常米，帝王粮"的民谚在我国东北的白山黑水间广为流传。改革开放以后，五常大米更是屡获殊荣，摘得"绿色食品""有机食品""中国名牌""美国食品营养协会认证产品""中国原产地域保护产品"等桂冠独享华夏。

山是水之源，水为米之魂。稻米是有生命的，山和水就是这生命的灵魂和品格。要细品五常的米香，就不得不纵情于五常的山水。北纬45度的黄金产地，肥沃的有机黑土地，天然优质的山泉活水灌溉，高达2600小时/年以上的充足日照，独特的土壤和气候条件琴瑟和鸣，赋予了五常稻花香大米非凡的灵性。

说起来，五常大米的成名有一定的偶然性，真正五常地区的大米，口感和味道的确不错。但明珠无罪，怀璧其罪，品牌打响之后，真五常大米的经营就变得越来越难。

老杨介绍了经营五常大米的过程：首先是和农民签订土地流转租用和稻子收购合同，给农民提供种子和有机肥让他们按照要求耕种，然后要监控整个水稻生产的全过程：晒种，选种，秧田，播种，秧苗，田间作业，栽秧，追肥，除草，一直到后面的收稻子、晾晒、脱壳等。

因为掺各种非五常稻米是约定俗成的潜规则，保证过程中不掺其他的稻子变成很重要的一项工作。这样都计算下来，

1亩稻子的成本约为4000元。平均1斤（1斤＝500克）米的成本不算销售过程中的物流、人力、营销等，约8元，也就是说，算上耗损和员工工资，1斤米要卖到均价15元才能有利润。

但是市场上打着五常大米旗号的多数产品，价格是多少呢？不超过5元。

"一般市场上假的五常大米，要么是直接假冒，要么是通过掺假的形式以次充好。用不是五常地区的稻米或大米掺20%~50%，即便饮食专家都吃不出来区别。"老杨说。

掺米成了业内公开的秘密，通过低成本的大米大幅拉低成本，这样可以靠低价赢得市场，而不掺的大米就越来越难卖。

同样回东北做大米创业的邢老也是东北人，2017年他在辽中地区搞了几千亩同样是地理标志的辽中香米，即便政府免费给了地，做不施化肥、不打农药的有机大米，三年下来同样是经营困难，捉襟见肘。

"一开始，有两家上市公司的朋友提前预订了5000吨大米，作为员工福利和给客户的随手礼，年初的时候预付了2万元现金，但是2018年接连出现股市爆雷，这两家上市公司现金流枯竭，不能支付余款。但是已经种下去的大米总不能烂在地里，只能自己开始做营销。"

邢老的问题在于，签好契约的订单客户失信，让自己不得不去做不擅长的农产品营销。因为农产品全产业链的复杂性，投资大、回报周期长，所以销售的困难可想而知。

类似的故事不胜枚举，当下的中国，投身于绿色有机农业种养殖，成功的概率非常低。但是在硬币的另一面，城市里富起来的消费者，想吃到真正的优质的安全健康农产品，追求一点"小时候的味道"，比如土鸡蛋、土猪肉、好米，却变成了一种难以企及的奢求。

这是为什么呢？

怀璧其罪的优质特色农产品

决定农产品品质的因素有两个：第一是品种（种子），第二是生长的小环境，二者缺一不可。像五常大米这样的地理标志农产品，指的是来源于特定地域，产品品质和相关特征主要取决于自然生态环境和历史人文因素，并以地域名称冠名的特有农产品。

与地理标志农产品类似的是小产区农产品，同样是在特定的小环境下产出的特色产物。

中国是农业大国，地理标志农产品和小产区农产品（以下统称为特色农产品）历来都是区域经济的支柱产业，对当地就业、居民增收和经济发展的综合贡献率和影响程度超过30％。如果算上与之相关的旅游、文化等附加价值，对经济的贡献度能超过50％。

这些具有地域特色的优质农产品和一般农作物之间的区别在于：

1）生产于特定的土地，所以资源有边界，单个特色农产品的产量和时间也有特殊的限制和要求，产品具有一定的稀缺性。

2）由于品质优良，产品对环境要求更高，生产工艺更复杂，成本更高，定价上有一定溢价率；为了追求品质，按照高标准的种养殖技术，避免使用未经过长时间安全验证的农药和化肥，农产品的成本更高，产量因此也更低。

3）特色农产品有其独特的生物基因传承，对人类健康更有裨益。

4）特色农产品有品位、文化、身份象征等加持，使得其消费成为一种潮流，让消费者除了享受美食，还能获得精神的愉悦。

但是，也正是特色农产品的上述优点，以及其巨大的市场和良好的销路，使之成为大量不法商贩的造假目标，大量低成本、粗制滥造、对人体有害的假货充斥市场，尤其是像五常大米、新会陈皮、西湖龙井、昭通天麻这样的知名地域品牌，更是假冒伪劣的重灾区。

造假制假的方法有很多种，有的是源头造假，有的是物流配送过程中造假掺假，原因有以下两点：

1）鉴别真的和假的农产品不是件容易的事。例如都是荔枝，莆田荔枝和普通荔枝肉眼无法识别。

"夜半归来风满袖，家家门巷荔枝香。"明代户部尚书，莆田仙游人郑纪在《过太平桥》一诗中这样记述莆田的风物。

莆田与荔枝的渊源始自唐宋，至今，莆田的别称里仍保留着"荔城"的说法。莆田位于北回归线边缘，东面是台湾海峡，是典型的亚热带海洋性季风气候，当地河网密布，土壤肥沃，荔枝树通常种植在河边。有文献记载表明，宋朝鼎盛时期，在莆田南北洋航道两侧荔林绵延数十里，自成一景。在莆田，荔枝品种也不断优化，流传至今的有宋家香、状元红、陈紫、"十八娘红"等。

莆田仙游县人，北宋书法家、文学家蔡襄在他47岁时曾经撰写过一部《荔枝谱》，这部书被称为"世界上第一部果树分类学著作"。书中明确记录了宋家香的生长特点："宋公荔枝，树极高大，世传其树已三百岁。"

据介绍，这棵树龄超过千年，树高6米多，树干周长7.1米，树冠覆盖面积达65米^{2}的古树，枝叶繁茂，年结硕果，丰年产荔枝高达352斤，是世界上罕见的高龄果树。

状元红位于莆田市荔城区新度镇下横山，是北宋莆田状元徐铎所植，故称"状元红"。相传，"十八娘红"是宋代枫亭人南康郡王陈洪进的女儿陈玑（排行十八，别名十八娘）变卖自己的首饰，帮助老百姓挖了一条从仙游县枫亭到惠安县驿坂溪长达7.5公里（15华里）的渠道，蓄水灌溉农田，并在渠道两旁种植荔枝树。为了纪念她，人们把这条渠道称为"金钗渠"，把她所植的荔枝树称为"十八娘红"。

悠久的历史文化，这些都是看不见摸不着的依附在莆田荔枝上的价值，于消费者而言，一句"好吃不好吃"便足以填平地理标志的差异：都是荔枝，非常年食用之人，如何分辨莆田荔枝和普通荔枝的区别？

同样，都是大米，普通的非有机大米和江西万年贡米有什么区别呢？

稻作文明在我们国家传统的农业文明中占据主体地位。在我们国家兴起的农业文明中同时有南方长江流域的稻作文明和北方黄河流域的粟作文明，万年仙人洞的考古证实稻作文明的起源可以追溯到14000年以前，那时我们的先民就开始对野生稻进行利用。通过后来数千年的人工驯化过程，先民们不断实践总结，逐步掌握了稻作技术，在其后的历史发展过程中，稻作技术不断完善，成为中国传统的稻作文明主体部分。粟作文明随着西亚传来的麦作文明而逐步萎缩，而稻作文明不仅坚强地抵御了外来的麦作文明，而且还扩展到全世界，稻米成为当今世界一半以上人口的主食。

江西万年贡米原名"坞源早"，是我国先民经过数千年精心培育的一种地方晚籼优质稻良种。南北朝时期就有史料记载，原产于归桂乡（今裴梅镇荷桥、龙港）一带，距今有着近2000年的耕作史。明正德七年（1512年）析鄱、余、乐、贵边徽之地设万年县，首任知县为了表达他对皇帝的忠诚和答谢朝廷建县之恩，将归桂乡产的晚籼稻"坞源早"制成大米进贡，皇帝食后大加赞赏，昭以"代代耕作，岁岁纳贡"，万年贡米由此得名。明末清初时期，州县纳皇粮送至京城，必等万年贡米进仓。否则粮仓不能封，城门不许关，故又称为"国米"。

同为地方特色农产品的巴河莲藕被视为鄂东四大名产之一，民间有谚语"黄州萝卜、巴河藕、武昌鳊鱼、樊口豆腐"。

巴河莲藕成名于北宋，苏东坡有诗句："巴河有藕天下奇，洁身方正举世稀。体长三尺无瑕疵，心多一窍有灵犀。神品有花难移种，灵根独恋故乡泥。七百年间为贡品，佳藕天成列御席。"

虽说诗中明确说明了巴河莲藕的产生时间为苏东坡前七百余年，但是由于没有确凿的证据，其发源年代并不清楚，贡品之说也没有得到考证，但可以明确的是，在清朝时期，巴河莲藕确实成为宫廷的贡品，可见其影响力之大。

苏东坡被贬黄州时，游历浠水尝到巴河莲藕后，盛赞其"齿隙留香"。鄂东一带流传有民谣："过江名士开笑口，樊口鳊鱼武昌酒，黄州豆腐本佳味，盘中新雪巴河藕。"

浠水是闻一多的故乡，他曾赞巴河莲藕"心较比干多一窍，貌若西子胜三分"。陆游、胡风等文人墨客为此写下过不少赞美巴河莲藕的诗句。历史上，巴河莲藕产区留下了"清出状元明出相"的佳话。

巴河莲藕与浠水县巴河镇芝麻湖地区地理气候有着紧密

的联系，巴河莲藕无法移往外地种植，一到外地即变种、长锈上斑。所以有文称："世上九孔藕，唯巴河独有。"

巴河莲藕为一种九孔莲藕，其肉质细腻，水分充足，味道软烂，成为湖北人煨汤时的首选。这种藕如玉一样洁白，表面没有铜锈色，在制作菜肴时，巴河莲藕久炒不黑，成品菜色香味俱全。在形状上，巴河莲藕与其他莲藕相比较为方正，仔细观察甚至可以看到其棱角，外观特点鲜明。

阿克苏苹果是相比较其他地方特色农产品更为大家所熟知的农产品。阿克苏地区位于塔里木河腹地，水资源充沛，是新疆重要的绿洲带，古代丝绸之路的必经之地。阿克苏苹果产于天山南麓中段、塔克拉玛干沙漠北缘，栽培历史悠久。

大约在汉唐时代，苹果在新疆的栽培就有记载了。《大唐西域记》中记载阿耆尼国和屈支国出产的"柰"，就是苹果。阿克苏冰糖心苹果实际就是红富士苹果，只不过这种红富士苹果品种在阿克苏扎根以后，由于在天山脚下，用天山冰川雪水灌溉，昼夜温差大，果糖在果品内聚集优异，产生糖分自然凝聚现象，剖开果品其糖分聚集处犹如蜂蜜的结晶体般。这就是独特的品质优异的阿克苏冰糖心苹果。

堪称世界苹果王国中王者的阿克苏冰糖心苹果，仅产于新疆南部天山南麓塔里木盆地北缘，这里有特有的暖温带大陆性气候，干旱少雨，昼夜温差大，全年无霜期长。光照时间长的气候条件和依托天山山脉托木尔峰冰川，远离污染的地域条件，使这里成为发展有机农产品的理想家园。

综上所述，优质的特色农产品琳琅满目，每一种都有很多知识要学习，肉眼看不出来，即便尝也很难尝出来，很多化学添加剂还会欺骗你的味蕾，会让你觉得比有机农产品好吃。即便是检测，也是道高一尺魔高一丈，比如欧洲的某些检测指标，对来自中国的茶叶有几百种之多，但是依然不能穷尽其完整的化学组成。

2）造假的成本太低。果蔬的单价都是几元一斤，肉禽蛋的价格也非常低，消费者犯不上为了这些钱去花时间和金钱征信。在中国，初级农产品的生产者大多是小农户，产量高、卖货多、耗损少是首要目的。因为初级农产品这个领域的信用体系不健全，征信成本高，对那些将滥用抗生素、激素及化肥过量的蔬菜和水果冒充有机产品进行销售的行为，很难大力度惩戒。

造假制假惩戒困难，屡禁不止，其对于特色农产品的伤害却是釜底抽薪的，是一种很难根治的恶性循环，坏处非常多。

首先，对生产者而言，假货造成劣币驱逐良币。假冒伪劣造假成本低，卖价低，严重干扰了真正好东西的市场销路，农户的生产积极性被严重打击。久而久之，市场上的优质农产品变得越来越少。

其次，对消费者而言，随着家庭收入的增长，食品消费需求升级，但是真假从外观上很难区分。消费者花了真品的价格购买带有各种标签的东西，但是拿到手的却经常为假冒伪劣或掺假产品，不但不能获得其美味、健康，反而可能遭遇农药残留超标等带来的一系列食品安全问题。

再次，优质的特色农产品因为产量受限，很难按照传统的品牌构建手法建立品牌壁垒。行业内真正符合现代企业"品牌"定义的农产品，也就是像褚橙、老干妈等诸如此类的品牌，因为机缘成长起来的，为数不多。中国幅员辽阔，都是地理小环境，生产者大多没有很强大的资金和实力，使其只能依靠传统的渠道以一般大宗农产品的低价模式去销售，产品溢价能力太低。

再加上，中国虽然是农业大国，农耕文明历史悠久，但是总有从事农业身份地位低下、赚钱效应差、从事农业工作不受人尊敬等误区，这使越来越少的人愿意从事农业生产。

问题越多，按照逻辑应该越需要优秀的人来解决，但是却没有什么人愿意加入，便形成了走不出来的恶性循环。

长尾市场规模不经济

　　从生产的角度分析，地方特色的初级农产品的缺点还有一个是规模不经济。

　　所谓"规模经济"，源于古典经济学理论，是指在一个特定的时期内，企业产品绝对量增加时，其单位成本下降，扩大经营规模可以降低平均成本，从而提高利润水平。诺贝尔经济学奖得主保罗·萨缪尔森在《经济学》一书中说：公司是整个经济生活的基本构成，这些企业筹集资金，进行大规模的生产和企业管理，导致在企业里组织生产的最强有力的因素来自大规模生产的经济性。

　　与规模效应相关的另外一个词叫作"聚集效应"，个体企业不但生产要上规模，而且多个经济主体参与的经济活动在空间上也应该呈现出局部集中特征，这种空间上的局部集中现象往往伴随着在分散状态下所没有的经济效率，产生了企业聚集而成的整体系统功能大于在分散状态下各企业所能实现的功能之和。

我国农业农村部在2018年发布的一组数据表明，目前我国从事农业生产，单位规模在50亩以下的农户占到90%，是典型的"长尾"生产基地和产品，这些"长尾"产品是很难通过规模的提升增加能效的。

上文提到的水稻乃五谷之首（稻、黍、稷、麦、菽），起源于我国长江流域，并以这里为起点逐渐向外扩展到华南、黄河流域和东南亚。水稻的演化，其实是人工驯化野生稻的过程。所谓人工驯化野生稻，是指野生稻逐渐失去了多年生、易落粒、长芒、匍匐生长等特征，慢慢"站"了起来、生育期缩短、种子不易落粒、芒短或消失、产量高且品质好，变得更加适应人类生产和生活的需要，也就是栽培稻。

栽培稻主要分籼稻和粳稻两大类。籼稻主要分布在低纬度、低海拔的湿热地区，谷粒细长，易落粒，稻米黏性较弱，如湖南、湖北、江西、广东、广西、海南等地区；粳稻主要分布于高纬度地区，谷粒短圆，不易落粒，稻米黏性较强，如东北三省、山东、天津、河南等地区。

东北种植水稻历史悠久，科技成分足，而且东北平原一马平川，适合大规模机械作业。因此，五常大米是可以通过生产流程的改善和新技术的使用来降低成本且增加收益的。但是，一方面因为土地分散在农民手里，整合困难，再加上市场销路打不开，小规模生产的大米始终过不去盈利的临界点。

　　例如，在种植和收割环节可以利用大规模机械化，脱壳和包装也可以减少人力的成本，但是这些都需要前期做大量的投入和铺垫，而厂家大多数过不了这关：数据层面剖析，我国市场上流通的大米，包括使用化肥增产的各种米，实际上是过剩的，在目前肉眼很难甄别好米坏米的市场情况下，特色大米价格没有优势，销路就很难打开，那么前期的融资便不会很顺利，人们不敢投入，越不敢投入，量就越上不来，成本便不会有更大的优势。新的问题：我国稻谷产能过剩（图1-1）？

　　我国很多有实力、有规模效应的农业公司，基本从事的都是大宗农产品的生产和销售。而特色农产品集中化程度很低，大多数处在规模不经济的临界点以下，手工作坊熬不过盈利点就已经支撑不下去了。

　　实际上，从美国和澳大利亚等国家进口的一些农产品，

01 全国种植面积 45243.6 万亩
02 亩产 457.4 公斤
03 总产量 20693.4 万吨
04 卖粮难 粮价低 约合稻米 13450 万吨
05 效益差 全国人均稻米 ≈ 100 公斤

2016 年数据，来自《2017 年中国水稻产业发展报告》

图1-1　新的问题：我国稻谷产能过剩？

比我国国内的要便宜，规模效应也是其中比较重要的原因。如何提高这些分散的长尾生产者的溢价能力，也是一个亟待解决的难题。

"长尾理论"是互联网行业常用的提法，实际上我国初级农产品市场完全可以按照长尾理论来进行诠释。

"长尾理论"的大意是如何在数字化时代，用新的技术手段匹配客户的需求和服务成本。

客户的需求其实是个性化的，任何产品都能够找到与其匹配的客户。但是在互联网这样的数字化手段产生之前，给客户匹配对应的产品，也就是宣传推广的投入是有限的，所以理性的选择是依靠头部的20%的产品（客户）销售额，以产生80%的企业效应——同样的宣传推广的费用，要用在那些能效高的产品上，服务好20%的大客户比那些小客户更重要。

但是，数字化手段产生之后，服务客户的边际成本是逐步递减的，甚至可以降为零。例如，在亚马逊的平台上，任何一个有个性化需求的消费者都可以付费下载一首自己喜欢，但不一定是其他人喜欢的歌曲。这首歌曲的成本基本可以算是平台购买的数字版权，其边际成本甚至低到忽略不计。于是，在数字化互联网平台上，就能够给那些80%的小客户提供有针对性的产品。

长尾理论图如图1-2所示。

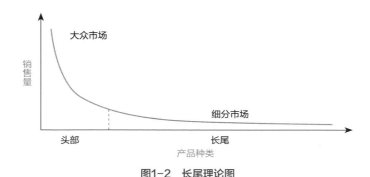

图1-2 长尾理论图

有别于美国和澳大利亚这样的大农场作业，我国的地形地貌和千百年形成的多元的饮食文化，使得我国的农产品也呈现标准的"长尾"特征。中国人民大学的三农问题专家温铁军教授曾经全面阐释过我国这种特色明显的地形地貌和丰富多彩的农业生产复杂性。

青藏高原是世界上最高的高原，平均海拔在4000米以上，是南北极之外的世界"第三极"，其边界向南和向西造就了喜马拉雅山脉，向北绵延成昆仑山脉，铸造了西藏、青海、新疆、甘肃、四川、云南等地丰富的气候环境，打造了全世界都罕见的动植物生态多样性，同样也造就了特色农业的多样性。

"十里不同风"便是在描述我国地形地貌和随之产生的物产和人文的多样性，再加上我国沿海和沙漠、草原，使得我国的农产品"长尾"属性非常典型。山东人喜欢吃面，四川人和湖南人偏爱辣椒，蒙古人喝惯了酥油茶，这些都是典型的长尾供求特色。

　　这也是我国农业很难规模经济的原因之一，但是这样的典型长尾特征市场却没有完全建立与之匹配的经济发展模式，或者说没有形成主流：没有完成数字化的传统市场，长尾效应是体现不出来的，只有规模经济和集聚效应。

供应链的集聚效应错配长尾产品

　　我们从供应链的角度来分析，为什么长尾农产品在商业供需匹配上形成现在的错配现象。

　　现有的一般农产品从生产到流通的过程有几种路径：

　　1）批发零售路径。例如苹果，果农种植苹果，一级批发商到地里以地头价收购，收购之后运输到批发市场，二级批发商（本地的就是终端店铺，没有三级）以批发价购买，进行包装，再批发给终端店铺进行销售，这个过程中，苹果从地头价2~3元可能会涨到6~10元（到消费者处），其中包含了运输和损耗，以及包装和中间商的利润。

　　2）网络直销路径。果农种植苹果，一级批发商就是终端批发商，以地头价收购，然后进行包装（选果，套袋，称重，装箱），通过淘宝、微店、京东等电商平台直接售卖（如何玩转这些互联网电商平台对于农民来说还是门槛较高的，所以网上卖水果的大多不是农民）。

3）农副产品和加工产品则是企业行为。品牌企业，如牛奶生产企业，或者有自己的奶场，或者是用收购的牛奶，在牛奶加工厂按照配方进行生产，这种农产品只是商品原料，价格压得就更低了（因为本书聚焦在区块链解决长尾农户的初级农产品上，加工后的包装和预包装食品仅粗略提及）。

在现有的流通模式下，不管是批发零售型还是网络直销型，价格的高低是决定性的因素，品质还不是首要的决定因素。这是为什么呢？

因为，我国过去几十年的发展轨迹是一个加速城市化的过程，农产品（尤其是初级农产品）的消费终端多数是在城市，城里人的消费流程决定了他们是很难一劳永逸地解决产品品质问题的。

水果、蔬菜、肉、禽、蛋、米、面、油，这些可以总体定位为"生鲜"。生鲜的意思就是有季节性，保质期短，要及时消化。

乡镇的菜市场其实就是一个典型的生鲜集市，地方小，农民直接把地里种的瓜果蔬菜拉到集市上售卖，或者直接卖给商贩，当然也有从外地拉过来的当地没有售卖的食品。因为地方小周转快，所以物品都比较新鲜，也比较容易区别好坏：菜是早上摘的，豆腐是一早刚磨的，品质基本能保持稳定，乡里乡亲的价格也不会太过离谱，当然今天没带钱偶尔赊账也是可以的。

但是，大城市就不一样了，供需双方根本不可能有这么紧密的联系和互信。

北京、上海人口都超过了2000万人，城市面积很大，基本上已经没有耕地了，所有的生鲜都需要外采保证。城市的生鲜供应链是一个偌大的工程，比如瓜果蔬菜有大的集散地，如北京的新发地、广州的江南市场，全国有60多个这样的大型批发市场。大清早各生产基地的生鲜都拉到这些集散地，国外进口的也通过集散地批发，商贩们不再是直接到地里去收，而是到批发市场集散，链条比起乡镇那样的小农经济，拉得很长。

但是供应链变了，市民买菜的习惯不变，到附近的早市、农贸市场或超市购物，好像和小时候的乡镇菜市场没有什么区别。但其实东西已经不是原来那样了：同样的蔬菜在农村，从农田到餐桌只需要半天，在城市可能就需要两天。

流程拉长了，不可控因素就更多了。例如，包装、冷藏、保鲜、运输，既要满足客户新鲜卫生的需求，还得减少产品损耗。

然后到了价格问题，消费者对新鲜的果蔬的价格预期，40年来一直保持在一个很低的水平上，什么都可以涨价，但是果蔬等农产品不能涨价。

　　于是，在商业竞争的压力下，如何保证低价变成了首要的问题。从农田到餐桌，人力和物流配送是硬成本，根本降不下来。唯一减少损耗和成本的办法就是牺牲品质。

　　例如，养殖猪和鸡时，在选种上选择出栏时间短、吃饲料、长肉快的品种；鸡蛋用抗生素，因为这样放的时间足够长，能减少损耗。

　　这些手段和措施，对于食物本身的味道的影响是微乎其微的，也没有充足的证据表面这些办法对人体健康就有致命的危险。而且现代人的生活习惯是一日三餐，很多人基本上都在外面吃，饭店里做饭加各种配料改善口感，实际上很难去鉴别食材是不是原生态的。

　　对饭店而言，如果盈利是第一要素，那么原料是不是具有价格优势，比食材是不是原生态的，更能影响采购决策。

　　如此全拼价格，绿色有机原生态的长尾农产品就很难具有市场竞争力。

　　首先从供应链角度看，从农田到集散地，再到商户，最后到消费者，这个链条中特色农产品的标准是很难界定的。消费者选择农副产品的标准往往不是你这个是不是沙窝萝卜，只要萝卜好吃就行，而且价格要便宜；这个大米是不是五常大米不重要，只要好吃且价格便宜即可。所以，这些农产品只能跟大宗农产品一样走渠道，形不成优势。

　　"他们做有机农业，一小捆有机小白菜以单价40元卖到上海，类似这样的长沙县一批企业都倒闭了。有一个圣义农庄（音），在山上搞菊花、搞瓜果，去年倒闭了，欠了个把亿。"笔者在一份长沙县的干部调研报告当中看到这个案例。

　　企业不好做，消费者同样也选择困难。许多到北京的人都会发出这样的感慨，大城市的东西不好吃，这几乎变成了一个共识。但是，猪肉15元/斤（猪瘟之前），鸡蛋1元/个，超过这个价格，基本上就是有价无市。所有搞生态农庄绿色有机产品的农户，都会感觉价格是最大的问题。

　　但是对于优质农产品的生产者而言，价格太便宜则不赚钱，而且不能生产出更好的产品。好东西卖不上好价格，老百姓又买不到真东西，这是我们能看到的中国农业领域最明显的问题。

中国农业亟须数字化转型

随着农业数字化程度的提升，尤其是电商模式的互联网平台的大量应用，上述供需不匹配的问题有了更好的解决方案，但是没有区块链加持，又形成了新的问题。

首先我们来看看数字化。数字化是通过各种现代化的技术手段，把附着在物体或事件上的数据进行收集，这些信息包括使用产品或接受服务的体验、市场环境变化的数据、行业整体趋势等。

数据是数字化基本的生产资料，数据的质量直接决定了数字化所能达到的深度和广度。数据治理是把数据提升为产业的核心资产，因为高质量的数据能够带来更高的价值。在这个信息社会，互联网基本都是按照数字框架勾勒起来的。将数据资产进行有效的挖掘、管理和使用，是数字化的价值和重点。

而数字经济是指，以数字化的知识和信息为关键的生产要素，以数字技术创新为核心的驱动力，以现代信息网络为重要的载体，通过数字技术与实体经济深度融合，不断提高传统产业的数字化、智能化水平，加速重构经济发展与政府治理模式的一系列经济活动。

数字经济是新一轮的技术革命成果的集成应用。无论是数字化、智能化还是网络化、能源技术、生物技术等，在经济当中的广泛应用正在快速地改变着人们的生产和生活，给生产的组织、社会的分工及国家的治理带来一系列深刻的革命性变革。

2018年，我国的数字经济规模是31.3万亿元，名义增长20.9%，占GDP比重34.8%。

在数字经济的发展历程中，2012年云计算作为我国"十二五"发展的二十项重点工程之一，被写入《"十二五"国家战略性新兴产业发展规划》。2017年"数字经济"首次被写入政府工作报告，从中央到地方，数字经济建设与发展备受重视。到2018年，我国数字经济发展进入了遍地开花、渐入实操的新阶段。我国数字经济持续快速发展，保持全球数字经济大国地位，发展水平也得到持续和快速攀升。

数字经济的特征包含数字化、平台化、技术创新、产业融合、多元共治和网络空间。其中数据化是新型的数字经济最重要的特征，就是高度数据化。数据信息资源逐步成为新的关键要素资源，数据的流动和共享推动了商业流程跨越企业边界，编制全新的生态网络与价值网络。

平台化是数字经济主要的产业组织形态，平台是数字经济的基础，依托于"云网络"新基础设施，互联网创造了全新的商业环境。政府提供基础的数字经济底层硬件服务，如通信、宽带等，而商业化应用在此基础上诞生各种应用性平台工具，比如我们耳熟能详的阿里巴巴、淘宝、京东、微信、微博等。

我国的数字经济在总体面貌上是和美国并驾齐驱的，尤其是在商业应用上。但是很可惜的是，从农业的数字化而言，我国的农业和食品产业实际上处在一个数字较为原始的状态。

阿里巴巴和腾讯这样的电子商务企业商业数字化程度比较高，其中，食品是非常重要的一部分商品，在他们的数据库当中，积累了多种类型的数据，比如产品的SKU（库存量单位）、生产厂家、流向等。

另外的信息，是散落在其他数据当中的消费者数据，包括用户画像、基本信息、购买偏好、禁忌等。

当然，其中也有一部分是关于客户信用的，包括厂家信用等跟区块链相关的价值信息。不过这些参数也仅仅停留在是否违约、态度是不是好、价格之类的基础商品的层面，并没有深入到产品的品质层面，其违法的定义和边界也较为模糊。

有很大一部分涉及农业的数字化内容是掌控在包括研究机构，尤其是政府监管部门手里的，这些数据大多用于科学研究和行业监测、监管。一方面，这些是信息孤岛，彼此之前很难形成网络和合力；另一方面，因为诉求的不同，政府主管部门的数据很难用于商用，所以对于经济的改良和推动没有足够的驱动力。

农业生产和销售过程中的怪相，在一定程度上，是因为数字化程度不足造成的。

从信息技术和数据的角度而言，实际上农产品领域的品牌建设、渠道建设等内容都存在着明显的问题。而以区块链思想和技术体系为轴心建立的数据框架，能够抽丝剥茧地解决这些问题。

首先，农产品的品牌建立和培养成本过于昂贵，农产品品牌的造假成本过低，尤其是初级农产品造假成本低。

所谓品牌，从数字化角度而言，指的是特定商品占领用户的心智，用户对此商品有认知。品牌有其内涵和外延，这种用户认知从食品的角度而言，是从是否可口和是否对自己的健康有裨益两个角度进行的，因此，很多品牌的投入和品牌形象的习得都必须建立在对消费者的用户教育上。

五常大米给人们的品牌印象是，真的五常地区生产的大米好吃，而且富含各种对人体有益的营养元素。这两个内容都是以信息和数字知识灌输给人们的，从数字角度而言，是很难去量化究竟什么样的大米是五常大米。

这也是农产品价值无法得到体现的首要原因，所以农业的区块链化首先必须完成农业的数字化。

其次，农业风险大、投入大，农业科技门槛高，人才缺口大。在目前中国的职业划分中，实际上从事农业工作的农民社会地位是不如很多行业的，这就造成了一个错觉，那就是农业工作是很容易做的。

但实际上农业是非常专业的领域，涉及营养学、生物遗传学、基因组学、营销和社会心理学、环境和可持续发展等综合科学，每一个品类的门道也非常深，需要多方面知识的集成和积累才能够做好。

例如，订单农业。订单农业即以销定产，这是一个数字化领域的经济问题：通过需求倒推生产，从而尽可能地减少农产品的无序生产和资源浪费，这在数字化成本、生产管理和营销领域是一个非常前沿的有挑战性的课题，需要综合素质很高的人才队伍。

再比如，种业。种子被视为农业的芯片，其甚至涉及基因组学层面的高科技，包括种子的繁衍对人体健康的短期、中期和长期影响等，这又怎么是没读过什么书的农民可以把控的呢？

农业的风险大，还在于任何农产品的投产和回报都需要漫长的时间周期，少则几个月，多则数十年，而市场的反馈往往具有滞后性，供求之间的时间错配往往酝酿巨大的风险：今天短缺的，可能过了几个月就不短缺了。

这又是一个典型的金融问题，需要用到期货这样的金融工具加以防范。

以上各种问题，如果建立起完整的数据生态和运营体系，是完全可以低成本地逐步攻克的。

○······●

农业的供给侧改革之路

供给侧改革，改的是落后的产能和生产方式，淘汰掉粗制滥造、能效比差的产品。这样的理念，对于农产品领域而言，同样适用。

在农产品领域，某一种食材在市场上一段时间卖得很好，在很短的时间内马上市场上会出现大量的仿制品，依靠价格优势饱和攻击。例如，某一款茶叶只要有点小名气，很快就会有大量的类似产品上市，这些产品为了抢夺市场，以催芽剂量产茶青，或者是以次充好，或者是加入调节味蕾的化学调料。

从价格角度分析，农产品同价不同质的情况很严重，这些年由于农产品价格涨幅远远低于其他尤其是房地产的涨幅，农业生产的利润远远低于国民经济的其他行业。这也使得人们潜意识认为农产品的单价不能过贵——可以买5万元/米^{2}的房子，但是不会购买10元/斤的苹果。畸形的消费习惯，间接助长了粗制滥造农产品的生产。

实际上，我国很多农产品都是过剩的，茶叶过剩，大米过剩，某些瓜果过剩，但是都是无序竞争和粗制滥造的产品过剩，并非是优质的农产品过剩。

先看价格是否便宜的消费习惯的形成，造成了人们对个人饮食健康的漠视，没有养成良好的生活习惯，为我国目前流行的多种慢性病和重大疾病的年轻化问题埋下隐患。很多问题都是吃出来的，少花钱在吃的上面，就多花钱在医院里。

稻米产业由数量驱动向品质驱动的变革如图1-3所示。

生产端生产绿色健康的食品同样能够减员增效，实现可持续发展。同时需要数字化的平台减少信息干扰，消除信息的不

图1-3 稻米产业由数量驱动向品质驱动的变革

对称，以科学的订单方式组织农事生产，助力农产品行业的供给侧改革和产业升级。

而于消费者，需要在提供优质的产品同时，培养长效的健康消费习惯，不厌其烦地进行大众传播宣传，以创造良性的消费反馈。

向生态农业转型，提高农业生产者地位

我国农业还有一个重要的问题，即农民和农业生产者的地位问题。

我在这些年的乡村考察中发现，很多地方已经很少有年轻人种地了，基本上都是50岁以上的中老年人在从事农业生产。长此以往，我国农业的供需关系会彻底逆转，没有人种地的中国，供给会大大萎缩，彻底变成卖方市场。

农业生产不受人尊敬有其历史原因，刀耕火种，面朝黄土背朝天，这是中国传统的农民形象，让靠山吃山、靠海吃海的农牧民在工业化的时代显得格格不入。而这几十年财富在城乡之间的分配不均，使得赚钱效应很差的农业领域不能吸引更多的人才进入。

从目前的农业生产来看，农产品的价格在总盘子上是不足以吸引年轻人回去从事农业生产的。不过，改革开放40多年以来，中国城市和工业化，以及基础

设施建设等都处在一个过剩的时期——过剩的产能，包括资金、人才，有向农村转移的趋势。

温铁军教授在2016年的一篇文章当中讲到我国农村承接过剩产能的问题。他认为大国缓解经济危机的手段往往是"空间换时间"——把过去冷落的投资领域重新找回来，用没有短期回报的战略性投资来拉动维持本国实体经济。

中国遭遇第一次生产过剩的1998年即是如此：西部开发、东北振兴、中部崛起等。2005年又提出以"建设社会主义新农村"为名的连续增加农村基本建设投入的重大战略。

温铁军说："一般而言，没有哪个大规模投资达数万亿元的国家战略能有短期回报、能有当期税收，所以，若只能由国企承担这种市场无效投资，自然就会占压银行贷款，也会对私企形成挤出效应，但其制度收益却是全社会共享的——中国改出危机（通过改革，转危为机）。"

当下乡村热，原因在于房地产和股市的投资都充满风险，而城里人手中的过剩资本都想获得更稳定收益和回报，所以乡村出现越来越多的城市户，他们更能够看到农民所看不到的乡村价值。

欧洲早在20世纪70年代就出现过这种状况。第二次世界大战之后，产业资本借助和平红利迅速扩张，很快就形成第二轮生产过剩，遂造成20世纪80年代产业资本外移到发展中国家寻找"要素价格低谷"来获取巨大的机会收益，进而回流到西方，带动向金融资本经济的转型升级。

同样在那个时期，中产阶级及其中小资本纷纷下乡，到20世纪90年代乡村中的农场60%以上已经变成市民农业。接着，就是以中产阶级为主体的绿色运动和绿色政治。其客观结果是历史性的：由于欧洲主要国家大量吸纳就业的中小企业多数在乡村创办，遂改出了"盎格鲁–撒克逊模式"，形成了"莱茵模式"之下城乡融合的局面。

从2019年我国农业投资数据也能看出新时代农业吸收投资的力度（数据来源：艾格农业）：2016—2019年，共完成1272起农业食品产业投资，累计金额8297.5亿元；2019年农业产业投资超过3700亿元，年复合增长率65.76%（金额）；预计2020年，农业食品产业投资将超过4000亿元。

2018年农业食品产业投资事件114起，2019年565起，同比增长396%。

2018年农业食品产业投资总金额2001.47亿元，2019年总投资金额3784.58亿元，同比增长89%。

伴随无人机飞防、农业物联网、农用卫星、智慧农机、互联网等产业的升级，农业服务行业已经出现一批具有互联网基因和信息技术底蕴的初创企业和新兴业务，如农机领域的植保无人机，以及信息化领域的卫星遥感、数据采集和实时监控，这些都为农业生产提供精准决策。同时，农业生产数据的完备也为农业保险、农资分期等农业金融服务的普及提供了便利。

从今天展望十年后的2030年，从两方面可以清晰未来图景。

首先是从西方发达国家，包括日本在内的过剩产能（资本）转移的角度剖析中国的农事生产和未来图景，未来十年的中国农村，将不再是现在这种从业人员素质差、化肥滥用的恶劣状况，城乡结合的新型农民将会成为一道亮丽的风景。

其次是不同于西方没有数字化基础的产业转移，建立在数字化和信息社会基础上的新型农民，会带来"互联网+"农村经济的广泛开展。由于互联网经济内生的公平分享机制，派生出了改善农村基层治理结构的内因。若结合历史可知，正是传统乡土社会维护最低成本治理的乡绅群体本来就有的多样性文化内涵，构成了国家向生态文明转型的基础。

因此，乡村信用和文明的重建使命，催使"区块链+数字农业"，以变革者的形象，登上农业转型升级的历史舞台。

第二章

区块链，数字农业的关键入口

从化肥农业向绿色和生态农业的转变，从小农经济向规模经济的升级，从传统经济向数字经济的进化，未来的中国农业发展必定需要围绕"信用"重塑体系。区块链技术理念、思想的诞生，在我国农业进入下一个十年的关键时期，必定会发挥中流砥柱的关键作用。

　　什么是区块链？跟我国农业有什么结合点？能够在上文提到的诸多问题当中起到什么样的作用呢？

　　这就需要对区块链，以及对我国农业的数字化进行全貌描述和梳理。

　　从2008年中本聪提出比特币的设想到今天，区块链已经走过了12年，关于区块链的原理、阐述及应用都有多方诠释，但是在落地的应用上，12年后的今天，依然处在探索阶段，与农业和食品行业的结合，目前也处在实验阶段。

　　但是，区块链天生的特质是由程序来完成信用和契约的执行，这是目前为止人类能够提出的最好的解决方案。未来农业的商业生态重塑，如果以区块链为核心技术进行搭建，那么就有机会让我国数字农业弯道超车，提前完成绿色健康而高效的生态农业系统建设。

从传播学角度看区块链

区块链思想是人类进入信息社会之后出现的一系列问题而产生的。

进入21世纪，互联网已经成为我们生活中不可或缺的组成部分，而互联网对我们最大的影响就在信息交互上：我们可以很便捷地在网络上获得信息，并且发布信息，人人都可以当记者，这在整个信息的传播史上是不可想象的。

最早人们获取信息是通过口口相传，文字和印刷术发明之后人们可以把想要表达的内容诉诸纸面，蒸汽机等现代交通方式把这些印刷的出版物发送到四面八方，迎来了杂志繁荣的大众传播时代——科技的发展让人们可以足不出户而知道天下事。

广播和电视这样的基于无线电技术基础的技术发明，让人们突破杂志这样的物理载体的限制，让人们除了看到文字，还能看到视频，除了眼睛，还能通过耳朵全面而立体地获取信息。

大众传媒的繁荣，开创了一个席卷全球的信息爆炸时代。但是这些信息都是通过杂志社、电视台和广播电台这样的权威机构发布的——区块链思想，把这样的信息发布模式定义为"信息发布权掌控在单一主体手里"。

互联网的发明除了继承了广播电视交互更人性化、成本更低的优势，最大的进步是在技术上给予了所有人在大众传媒上发布信息的权利，让单一主体多元化。

互联网对世界的改变是根本性的，传播信息平民化，人们通过计算机键盘和一个发布平台（或者是手机在社交媒体上敲下几行字），就可以完成信息的生产。互联网的革命，创造了像Facebook、亚马逊、微博、阿里巴巴、淘宝这样的伟大的分布式信息交互平台。

不过，互联网发展20多年以后，新的问题出现了。因为这些大互联网平台的底层是由拥有这些平台的公司掌控的，他们一方面把个体贡献的流量变成自己的平台收益，另一方面，因为掌握信息交互的生杀大权，平台这种"中心化的单一主体"会因为种种原因对发布的内容进行删减。

最新的例子：由于Facebook和推特（Twitter）是美国公司掌控的互联网平台，所以在美国和伊朗之间发生冲突的时候，他们删除了伊朗外交官的账号，不让伊朗的声音在全世界通用的社交媒体上得到展示。

区块链思想认为，把所有的权利交给单一的信息发布主体，是不能保证信息传播的公平、公正和公开的，所以需要有新的技术改造现有的底层架构逻辑，改造后的平台发布的信息是"不可删除和篡改的"，这是区块链诞生的第一个背景。

除了信息交互，在价值传递上，古典的价值确权方式也存在巨大的漏洞。这是区块链技术手段诞生的另外一个历史背景。

对于"价值"的定义，从数字化的角度而言，简单地说指的是能够抽样或兑换成货币的数据。有价值的资产指的是那些能够体现货币价值的数据，比如货币（一般等价物）、股票和知识产权等。

我们可以把数字化的信息分成两类：第一类类似于新闻、传言、免费的知识，比如说我们每天看的新闻报道、阅读的书籍内容，这样的信息不具备资产属性。第二类是有价值属性的。例如，我们在证券公司购买的股票，你花了钱，购买的就是一组数字，但是这组数字代表了我们所对应的权益；再如，货币——钱的存在是作为物物交换的一般等价物出现的，货币本身是一种拥有某种价值权利的证明，物理体现的是一张张印刷出来的纸，而数字体现的是我们银行卡里的一个数字。

具有价值属性的数字，还包括商誉、信用等。上文提到的五常大米的品牌，就是一种专属于五常地区生产的大米的权益，它只归五常大米所有。

价值首先需要得到认同，我们叫作"确权"。例如，一座房子的所有权是通过房契来证明的，房本上写了谁的名字，这房子的价值和所有权就归谁所有；银行卡里写了谁的名字，这张卡就是谁的，里面写的数字就代表谁拥有的财富。

传统的（也是现在通行的）价值确权，是通过主权国家的单一信用背书的形式完成的。你通过劳动挣的钱是主权国家发行的；你房本上的名字，盖的是主权国家主管部门的公章，用以确认你拥有的权益。

确权之后，价值转移（传递）这样的行为是经常发生的。例如，我们在网上花钱买东西，我们就要支付对等的货币，换取标价对应商品的拥有权。那么问题来了，同样是数字，有价值的数字能不能像普通数据一样在互联网上简单完成传递呢？

回答是不能。例如，我可以通过社交工具告诉你一个信息，只要在计算机（或手机）上复制并粘贴看到的内容就可以了。但是当我们要转一笔钱给彼此的时候，同样是数字，是不可以这样操作的。因为，传统的价值传递的办法必须通过一个可信赖的信用中介来完成。

举个最早的物物交换的例子：种苹果的农民想要用苹果交换养羊的农户的羊，一筐苹果换一斤羊，这就完成了商品的价值转移。随着商品价值交换的复杂化，这种简单的交换模式就不够用了，迫切需要一种能够衡量价值且有公信力的中介，稀缺性的贵金属，比如黄金和白银就出现了，充当了一般等价物的角色。

再后来，人们发现黄金和白银的根本作用是凭借其稀缺性充当信用中介，以体现交换双方的信用价值。然而通过主权国家发行纸币，也能起到这种作用，而且成本更低。就这样，纸币取代了贵金属，成为人们商品交易和价值储蓄中最常用的可信赖的载体。

人类进入数字时代之后，甚至连纸币这样的物理载体都舍弃了。银行存取货币，只是一个数字的变化；手机支付，也只是数字在彼此交易过程中的来回转移。但是不变的是交易中充当价值传递中介的，是肉眼看不见的数字化的主权国家的信用。

这样的数字资产，当前是不能够像前文所述的那种新闻信息、消息等数字信息那样简单传递的（当然人们接收到的这类信息某种意义上也是有价值的，但是因为成本、界定、支付主体等，属于另外一个领域的问题，为减少分歧，在此不做深入赘述）。

从逻辑上分析，只要是数字，都应该能够进行低成本的线上传递，但是现在的互联网产品并不能提供这样的功能。而且在某些主权国家的信用覆盖不到的领域，价值的确权和传递变得无比艰难，侵权现象层出不穷，这就急切地需要新的更好的技术手段和方法，以更低的成本去解决这些问题。

比特币的启发

2008年，一个署名"中本聪"的人发表了一篇题为：《比特币：一种点对点的电子现金系统》的论文，文中第一次提出了比特币的概念。

中本聪在文中提出，希望创建一套"基于密码学原理依赖智能合约（可自动执行的契约），而不基于权威机构信用，使得任何达成一致的双方都能够进行支付的电子支付系统"。

这是最早的区块链思想，也是到目前为止最成功的区块链应用。

比特币提出的背景是2008年席卷全球的金融海啸，由于次贷危机而爆发的基于主权国家信用基础上的金融体系的崩溃，让人们对于第二次世界大战之后建立起来的布雷顿森林体系产生根本的质疑。

所谓次级贷，指的是贷款主体没有偿还贷款的能力，但是金融机构依然把钱放贷给他。次级贷的结果是逾期无法还款引发的一连串挤兑，最终导致整体信用体系的崩塌。美国在2008年以前为了房地产的市场销售，把很多房子以分期贷款的形式卖给无力支付这些贷款的人。

银行等金融机构的钱，是以储蓄和借贷等形式筹来的，并不是金融机构的私产，是需要还的。当这些无力支付贷款的人——也就是"次级贷"逾期不能还款，便引发权益人一连串挤兑，于是整个金融信用体系便轰然崩塌，因为金融和经济的全球化，这场次贷危机最终影响随后几年全球的经济增长。

金融机构从根本上而言，其角色是价值交换过程中可信赖的信用中介。中本聪把这种信用中介定义为"中心化的信用中介"——信用中介能够成为第三方的价值交易保障，需要有足够的信用度，包括资金实力、风控、历史业绩等复杂的信用加持。中本聪认为，次贷危机的发生，证明这种建立在"中心化的信用中介"基础上的价值确权和交换体系是多么的不靠谱。

主权国家之所以是当前最可信的信用中介，在于信用是国家主权的根本，能够保证对国民的公平正义（对于外国人更要体现其可信）。但是在中本聪眼里，主权国家依然是"中心化的信用中介"，主权国家发布的货币也存在这种信用破产的可能。

这种思想是哈耶克最早提出的"货币非国家化"思想的技术衍生，凯恩斯也提出过这种设想，也就是Bancor协议。1940—1942年，他和舒马赫一起提出了这个超主权货币的概念，并由英国在第二次世界大战后正式提出。然而，由于美国在第二次世界大战后一枝独秀，Bancor协议并没有在布雷顿森林会议上被采纳使用。

比特币在2009年1月开始正式运行，起初仅仅是在技术工程师之间以娱乐为目的进行传播，其后一发不可收拾。而在经过12年的发酵之后，中本聪在比特币上设定的程序议程设置，让智能合约（可自动执行的契约）技术上得以实现。

比特币之后全球最成功的区块链项目是维塔利克·布特林（Vitalik Buterin）提出的以太坊项目，他提出了一个类似安卓系统的开放式区块链体系ETH，让不懂底层技术的普通人，也可以在上面发布一种数字通证（Token）。

"信用"从诞生起的第一天起便是最有价值的，这是从古至今达成的基本共识。但是如何保证信用的确权，以及建立在信用基础上的价值传递，是用"中心化的单一信用主体"，还是用去中心化的"可自动执行的契约"来保证权益，则是中本聪和区块链的信仰者和传统最大的分歧。

货币是一种体现价值的信用确权，也是最尖锐的可信度矛盾体现场景。比特币和以太坊的尝试，是在涉及"中心化信用中介"的问题上，试图从主权国家手里争夺"铸币权"。

但是区块链对世界的价值远远不止于"铸币权"的争夺。所有基于价值传递基础上的信用中介，都可以依据区块链思想提供另外一种解决方案。

区块链的技术概述

从技术角度而言，区块链是一种跨学科综合技术，是涉及数学、密码学、互联网和计算机编程等学科的交叉产物。它不同于人工智能，迄今为止区块链并没有出现颠覆性的科学和技术创新。

从应用视角而言，区块链是一个分布式的共享账本和数据库，具有去中心化（多中心）、不可篡改、全程留痕、可以追溯、集体维护、公开透明等特点。

狭义定义：区块链是一种按照时间顺序将数据区块以顺序相连的方式组合成的一种链式数据结构，并以密码学方式保证的不可篡改和不可伪造的分布式账本。

分布式账本和分布式记账方式对应的是传统的复式记账方式。传统的记账方式：一边是收入，一边是支出，财务和出纳收支两条线对上了，账就没问题，就不会出现弄虚作假。但是，实际的经济行为（经典互联网底层也类似复式记账原理构架）往往会因为收支两条线之间很低的舞弊成本而备受质疑。同样，通过复式记账方式搭建的互联网底层，比及分布式的账本结构，更容易被黑客攻克。

　　复式记账方式与分布式记账方式如图2-1所示。

　　广义定义：区块链技术是利用块链式数据结构来验证与存储数据，利用分布式节点共识算法来生成和更新数据，利用密

复式记账

借方、贷方、资产、负债、收入、支出的记录
记录数字
各自记各自的账
无法共享

分布式记账

基于分布式共识算法建立的，记录的数据流是非简单的一串数字
记账方法属于第三方记账
共享记账，所有人在同一个账上共享及共同管理账目信息
群信息的账本，不仅记录现金流

图2-1　复式记账方式与分布式记账方式

码学的方式保证数据传输和访问的安全，利用由自动化脚本代码组成的智能合约来编程和操作数据的一种全新的分布式基础架构与计算范式。

区块链一开始的定义是从比特币演化而来的，我们把它定义为"区块链1.0"。"区块链"一词最早的中文翻译也是基于比特币的相关概念基础上的，它基本构建了整个区块链的技术发展方向。

例如，它搭建了一串使用密码学方法相关联产生的数据块，每一个数据块中包含了一批次比特币网络交易的信息，用于验证其信息的有效性（防伪）和生成下一个区块。

这些特点保证了区块链的真实性与透明性，用技术手段为区块链创造信任奠定基础，以取代传统方式的依靠"权威信用中介"解决信息的不对称问题，实现多个主体之间的协作信任与一致行动 。

2014年，业界提出了"区块链2.0"的概念，除了比特币这样的非主权国家定义的国际货币应用，"区块链2.0"把区块链拓展为"一个关于去中心化的分布式数据库和账本"。

对于这个第二代可编程区块链，除了工程师和技术发烧友，经济学家和社会学家们也加入了进来，从生产关系的角度重新定义其带来的社会和经济价值。

经济学家们认为，通过程序自动运行的区块链闭环，当其利润达到一定程度的时候，就能够从交易订单或共享证书的分红中获得收益；社会学家们认为，智能合约的分布式投票机制能够完成现有的社会组织所不能完成的公开透明的工作，甚至预测最早的区块链落地应用是在一些社会公共事务上，比如慈善机构的筹款和监管、扶贫资金的发放等领域。

总体而言，区块链的技术底层逻辑设计可以摆脱中间环节的制约，点对点直接交易的新型商业或社会组织模式，减少交易成本，提高交易可信度，促成信用履约，保护知识产权并把知识"货币化"，并且对"潜在的社会财富分配不平等"提供更好的解决方案。

区块链可以分成公链、联盟链和私链三种。

第一种，公有区块链（Public Blockchains）也就是公链，是指世界上任何个体或团体都可以发送交易，并且交易能够获得该区块链的有效确认，任何人都可以参与其共识过程。

第二种，联盟链，也叫作"联合（行业）区块链"（Con-sortium Blockchains），是由某个群体内部指定多个预选的节点为记账人，每个区块的生成由所有的预选节点共同决定（预选节点参与共识过程），其他接入节点可以参与交易，但不过问记账过程（本质上还是托管记账，只是变成分布式记账，预选节点的多少及如何决定每个块的记账者成为该区块链的主要风险点），其他任何人可以通过该区块链开放的API进行限定查询。

第三种，私有区块链（Private Blockchains）也就是私链，仅仅使用区块链的总账技术进行记账，可以是一个公司，也可以是个人，独享该区块链的写入权限，本链与其他的分布式存储方案没有太大区别。私链只是技术构架的升级换代而已，也局限在技术领域进行探讨。

综合以上介绍，我们可以大致归纳出区块链的以下几项基本要素（但是为了从农业落地应用角度进行剖析，有一部分关系不是很密切的省去不提）：

1）去中心化（多中心化）。区块链的底层技术原理和运行机制秉承的是由程序决定的分布式自动运行机制，而不依赖于权威的单一信用机构或硬件设施来保证其运行，公链叫"去中心化"，联盟链叫"多中心化"，都是意指系统中共识机制和智能合约的签订，需要多重信用主体参与决策和制定。区块链的技术逻辑如图2-2所示。

传统的数据结构基本是由四项基本操作构成：创建、读取、修改和删除。区块链改成了三项：创建、读取和编写。没有了"修改"这一步，就意味着被记录到数据库中的数据无法被修改；没有"删除"这一步，就意味着被上传到数据库中的数据无法被擦除。

当然为了保证其自动运行，还有很多衍生的办法，比如用"随机+不可逆计算→时间戳"，总体目的都是为了保证全流程的去中心化和不可篡改。

2）开放性。区块链思想追求的是技术和数据开源，除了

传统数据

区块链

- 没有修改和删除，CRW
- 这种记账方式小小的改动，其意义在于提供了一个历史记录不可篡改的数据库，而建立在契约之上的信用社会与此是天然匹配的

图2-2 区块链的技术逻辑

交易各方的私有信息被加密，区块链的数据对所有人开放，任何人都可以通过公开的接口查询区块链数据和开发相关应用，因此整个系统信息高度透明。

不过按照区块链追求的公平闭环的组织原则，查询信息是需要支付费用的，因为维护整个区块链需要的成本由全员承担，而享受其带来的好处是需要支付费用的。当然，这样的收费标准和游戏规则也是开放性的。

联盟链也是开源的，但是仅仅针对加入联盟本身的节点（会员）开源，联盟内部也秉承贡献和收益成正比的原则。公开透明的组织原则对应的技术思想就是开源和开放。

3）共识机制。共识机制讲的是链上的所有记账节点之间怎么达成共识，去认定一个记录的有效性；从经济和社会学角度而言，讲的是去中心化的机构如何来进行组织。

区块链在技术上提出了多种不同的共识机制，适用于不同的应用场景，以期在效率和安全性之间取得平衡，比如PoW（Proof of Work，工作量证明）、PoS（Proof of Stake，权益证明）、DPoS（Delegate Proof of Stake，股份授权证明）等。

4）智能合约。智能合约（Smart Contract）是一种旨在以信息化方式传播、验证或执行合同的计算机协议。智能合约允许在没有第三方的情况下进行可信交易，这些交易可追踪且不可逆转。

智能合约概念早在1995年由跨领域法律学者尼克·萨博（Nick Szabo）首次提出："一个智能合约是一套以数字形式定义的承诺（Commitment），包括合约参与方可以在上面执行这些承诺的协议。"

区块链的诞生让尼克·萨博的这一设想变得可执行，共识机制就是一种预先谈好的运行合约，而合约的执行完全由程序完成——可自圆其说的完全透明公正的链上世界，都需要提供完整的智能合约范式。

比特币这样的非主权国家货币，逻辑上是可以在一定程度上依靠智能合约的自动化运行予以保障的。但是在实际的落地应用场景中，在共识机制上，为了在一定的成本基础上达到相对的公正透明，是需要做一定分解的。

我们可以把共识机制分成两种，一种是"机器信任"（机器共识），也就是上链数据完全按照可编程的数学公式以取代有信用中介的传统模式，做到所有人都能够公平对待的合约的自动运行，这就是尼克·萨博所说"可编程的社会"，这也是人人可参与的公链的基本逻辑。

但是在更多的应用场景中，并不是所有的人都认同某一种社会运行方式或理念，由于天生禀赋、成长环境、宗教信仰、社会认知、职业等不同，社会被分成不同族群，以及不同的组织架构和价值观的人群，他们所秉承的处事原则是迥异的。所以，"治理共识"作为联盟链的共识机制被提了出来，加入联盟的信用主体都必须遵从联盟的规章制度，并以智能合约的形式确定下来。

区块链是我国生态农业弯道超车的关键技术

如果从数字化和区块链的角度思考当前农业面临的多重问题，便豁然开朗。而让我国农业的数字化转型越过传统互联网一步踏入区块链（价值）互联网，则有机会让我国的生态农业弯道超车。

现有的食品要进入流通，有两种形式：一种是包装和预包装食品，比如有厂家生产的奶粉、瓶装水、饼干等，在包装口袋上的标签上能够看到生产厂家、生产日期、保质期和配方等数据；另一种是初级农产品，比如菜市场购买的新鲜蔬菜、肉、水果和海鲜等，是没有要求一定贴标签和包装的。

包装食品在食品安全上出过很多事故，最典型和影响最深远的是"三聚氰胺"事件。不过在食品的可追溯上，和初级农产品相比，包装食品面临的问题要小很多，因为依据标签就能够找到生产厂家，出了食品安全事故能够找到责任人。

对于现有的诸多食品安全问题，初级农产品则是重灾区，因为初级农产品连传统的标签都不用贴。例如，以现有的消费路径，去菜市场买菜是不能获得更可信的数字化信息的，你仅仅知道这些苹果多少钱，这袋米多重，但是你不知道它们是由哪个农场生产的，谁负责运输，农民有没有用过量化肥和农药等。

　　同样的道理，有一些居心不良的不法消费者，被商家称为"恶意打假"的群体，也在钻空子。例如，有人在超市里购买正常的商品，出超市半个小时之后回来大喊商品是坏的或其中有虫子，要求赔偿。超市为了息事宁人，一般的做法都是让供货的厂家赔。即便厂家觉得没问题并调出监控来证明自己的产品确实没问题，也不会对"打假人"造成什么损失，各自散去就好。这对诚信经营的卖家是极不公平的。

　　在司法裁决上，因为我国频频发生食品安全事故，像这样的针对商家的恶意欺诈，法庭的裁决往往都是偏向消费者的。长此以往，让合法经营诚信生产的企业受到不公平的待遇，打击了他们的生产和经营积极性，而真正想买好东西的消费者则更加买不到好东西。

　　互联网的电商平台，实际上以古典互联网的形式初步完成基础的数字化转型，建立起了初步的信用体系。例如，淘宝的卖家体系：心级卖家、钻石级、皇冠级、金冠级评价体系，好评、中评和差评的数量，总销量排行、评论数量等，都以不同维度给予商品和店铺数字化的体现。

我个人观点，这些数字化的进步，也是我国电商发展速度远远超过传统线下店铺的根本原因，因为这些数据提供了传统线下商铺和售卖所没有的数字化的信用体系。

数字化对我国食品和农产品的价值提升是至关重要的，首先数字化的体系能够减少触达信用的流程。传统线下购买一瓶水，你只能看到瓶子上面的生产日期及厂家和品牌。你到线上购买，通过互联网甚至可以接触到活生生的生产水的人，通过直播平台，你甚至可以买到董明珠亲自卖给你的一台空调，或者李子柒亲自给你包装的螺蛳粉。

更重要的是，所有印刷在标签上的"信用"以数字化的形式记录在生产者（厂家）的信用账户上，抵赖不了。同样，在线下购买一瓶水，厂家并不知道消费者是谁，而在互联网上，厂家能够看到一个个ID下的单，以及历史记录，甚至可以通过社交媒体彼此交流。这些数字轨迹和记录，同样也代表消费者的个人信用。

同样，初级农产品在交易过程中是不需要贴标签的，也就意味着在菜市场这样的线下交易场景中，交易主体是没有信用记录的。没有信用记录，也就意味着交易双方没有履约压力，违约成本很低，弄虚作假没有压力。

如果搬到互联网上，假设有互联网菜市场，即便初级农产品没有贴标签，我们也能够清晰地知道是谁家店铺发出来的货品，店家也知道是谁购买的，彼此能相互找到。有了交易的信用主体，弄虚作假的事儿能减少很多，坑蒙拐骗的问题能够得到很大程度的解决。

而且除了交易价值，线上展示不仅仅能够体现单一农产品的实用价值，还能够提供实用价值之外的更多价值：初级农产品的种子，生长环境，营养价值，寄托的文化，文明，向往的生活等。

在我看来，我国农业的现代化和数字化不仅仅局限于此，而应该一步直接迈入区块链的可信互联网。未来十年的中国长尾特征明显的农产品市场，完全可以依靠区块链思想和技术架构一步到位，进化到人人互信的价值互联网时代。

区块链对现有数字化技术和体系的升级换代，是由单一的信用主体向多级信用主体的进化，这样可以避免陷入单一信用权威的可信度问题，比如在淘宝、天猫等传统电商平台上出现的舞弊行为，通过多方确权的分布式协议，由程序和协议自动化完成，而不是人为操控，增加交易的可信度。

2019年，我国初级农产品市场交易额超过了2万亿元，这么大额的涉及国计民生根本利益的市场，迫切需要区块链加持的数字化方案，更加公平透明地建立全新的生态农业信用体系，这也将是未来十年数字化进程的主旋律。

○·····●
农业区块链的商业实践

我们在2017年年初就开始的"区块链+数字农业"的原始创新实践中，设计了一条以溯源为关键入口的联盟链生态（本书为学术研究和普及之作，在此不提项目品牌，以下简称农业区块链），基本阐述了我们对未来农业区块链发展路径的想法，具体从四个方面来进行：①存证溯源，把整个农业生产、包装、运输、销售等数字化信息全流程上链；②产品通证化，通过互联网平台通证（Token，或者平台积分），进行用户信息管理、用户激励管理和平台运维管理等；③资产权益数字化，比如土地收益数字化并可流转；④区块链治理，比如组织关系区块链化。

"区块链+数字农业"的未来场景，首先是数字化，也就是从实物抽取出数字，否则区块链将无从谈起，这也是为什么物联网技术这么重要的原因——单单区块链技术并不能解决所有的问题，而是需要物联网技术、物体表面识别技术、基因组学和代谢分析等复杂的技术合成，才能够让我国食品安全问题得到一定程度的解决。其次，长尾特色农产品数字化之后，我们用资产存证类的公链（或者联盟链）就可以解决上述问题，共识算法和智能合约都可以依此来进行。再次，农业的区块链是一个完整的生态系统，其核心是一条第三方的征信体系，瓶装和预包装食品可以把中心化的数据上链变成比特数据（不可改、不可删除的数据），而没有标签的初级农产品则实现了信用主体的相互交易和往来。

所以，其核心目标是建立以诚实守信、遵守契约为准则的一个个农产品产销社群。

关于数字化的相关技术，我们依靠的是物联网采集和生物提取、检测技术，这些工具性技术能够帮助我们从农产品全流程当中抽取需要的数字信息，包括种子、种养殖过程、成本、土壤、营养代谢、生产时间、责任人、价格等。

一般来讲，我们可以用三个方面的技术来完成数字化和信息采集。

1）物理采集。物理采集包括：实时的、可视化的视频数据采集。万物互联从视觉而言容易理解，眼见为实的技术涵盖视频采集和通信，基本上这两个方面就足以供农业使用了。

例如，某农业区块链的"稻草人系统"，架设信息采集设备，以太阳能和风能为动力能源，通信局域网或并网，在偏远山区甚至连4G或5G的信号基站作用都替代了。再如，种植科学数据采集传感器，包括温度、光谱、风向、湿度、温湿度差等影响农作物品质的数据，一方面可以作为科学数据，另一方面实时上传的数据可以作为判断产品好坏的标准。这些采集上来的数据，再上传到大数据和区块链复合的数据底层上进行分类和使用。

值得一提的是物体表面识别技术，也就是装货的时候，把扫描产品后的表面特征数据输入程序，在消费者购买的时候扫描物体表面，程序会鉴别是否为同一件东西。人脸识别用于人体身份特征，而有些单价昂贵但可以承受识别技术成本，表面特征明显的非标物品都可以采用这种识别技术，比如植物的根茎，以及猪、牛、羊等家畜的面部识别等。

2）代谢分析。广义上代谢是生物体内所发生的用于维持生命的一系列有序的化学反应的总称。在我们的体系中，狭义定义为具体农产品的营养健康与风味品质等相关代谢物的成分分析。代谢分析能够把食物用化学和营养学的语言进行描述，对一些过量的重金属和农药残留的检测效果是显而易见的。要完成代谢分析，需要做大量的工作。例如，单一物种是否有价值或有害，需要有统一的标准，然后根据标准以判断食物是否有益或有害。不过代谢分析这种方法把系统物质分解成单一的化学元素，从类似中医这种系统学的思路看，存在一定的问题。

3）深入到基因组学层面，把物种的基因组绘画出来。例如亲子鉴定，就是匹配血缘关系的关键基因。动物是可以做亲子鉴定的，比如家畜和家禽可以通过简单的基因筛查判断是不是某一个品种，而且现在基因检测的成本已经大大地降低，大规模的商业化应用已经成为可能，未来十年基因组的低成本商用是一个科技发展的重点赛道。

以上三种是目前能用到的数字化提炼技术和检测工具，其产生出的数据构成了数字化的基础。而除了这些单一批次的数据，个性化的长尾特色农产品在漫长的历史演变过程当中还有更多有价值的数据，那就是文化和传承。

"蓝蓝的天空上飘着那白云，白云的下面盖着雪白的羊群。"这是内蒙古昭乌达盟同名长调民歌《牧歌》描述的场景，悠扬的曲调把人们的思绪带到了大草原上，似乎牧民赶着羊群在草原上行进才符合"天苍苍、野茫茫，风吹草低见牛羊"。每年6月1日开始，在赤峰阿鲁科尔沁旗的巴彦温都尔苏木，3000多名蒙古族牧民赶着几十万头牛、马、羊，尘烟四起，浩浩荡荡，缓慢向季节性游牧区行进，上演了原生态牧民迁徙的壮美场面，形成了独特的人文景观。

随着内蒙古采矿、钢铁等现代工业的发展，已经很少有牧民继续这种祖祖辈辈传下来的迁徙了，牛、羊都是圈养，喂饲料。但是赤峰的牧民依然会以传统的方式迁徙牛群和羊群到夏营地，以至于牛、羊能够以中草药丰富的鲜嫩青草为食。这种附带深刻历史文化习俗的文明，在特定人群中有很高的价值，却又很难量化，是典型的文化数字资产。

附着在沙窝萝卜上的故事也如此。相传明朝嘉靖年间，皇帝为满足爱妃喜欢吃南国荔枝的喜好，听信奸相严嵩的馊主意，把整株荔枝树连根带土刨下，通过河道运到天津，再摘果送入京城，而荔枝树的余土就丢弃在小沙窝村海边。

这土越堆越多，忽然有一天，上面长出了萝卜，此种萝卜却有荔枝的香甜，村民们为之振奋，南国的清秀和北城的泼辣都传给了它，沙窝萝卜因此而来。

正宗的沙窝萝卜产于天津西青区辛口镇小沙窝及周边村庄，土质上沙下黏，特别适合萝卜生长，但产量有限。萝卜心如翠玉般晶莹剔透，咬一口，脆生生、甜津津，清爽甘甜带点微辣，味如水果，天津人称"沙窝的萝卜赛鸭梨，沙窝的萝卜嘎嘣脆"。沙窝萝卜比鸭梨脆，刚挖出来的萝卜不小心跌落在地上，别的萝卜裂三瓣，这种萝卜起码裂八瓣，还咔嚓作声，足见其脆。萝卜多汁，和鸭梨一样甜，越是新鲜，水分越足。

这样的特产，对特定人群而言是具有很高价值的。

除了传说和文化、文明，还有很多个体个性化的成长体验也具有特别的价值。例如，四川人喜欢辣，沿海的人吃海鲜，东北人爱乱炖，一方水土养一方人。这几十年大迁徙，很多人离开故乡定居，故乡的风味就变成一种特定的价值。云南菜对云南人而言是美味的，他们将折耳根（也叫鱼腥草）吃得津津有味，愿意花高价钱购买儿时的味蕾，但是这些对其他人却未必如此。这在数字化的方面体现为：数据的算法推荐对于特定的人群是有意义的。

所以，饭店里一盘地道的沙窝萝卜，识货的人愿意支付几百元购买，不懂的人会觉得就这点萝卜卖这么多钱，简直就是"抢劫"；一盘云南空运过来的野生折耳根通过豆豉辣椒搅拌，西南地区的人愿意支付不菲的价格，并且吃得津津有味，而不习惯的人会觉得吃一口简直就是受罪。

这就是除了物联网和检测工具抽取出来的基本数据之外，特色农产品的文化数字资产，这两种数据构成了农业区块链的数据基础，有了这些基础，特色农产品的一个核心入口便浮出水面——溯源。

○·····●

多方取证和确权

　　数据的采集和上链都回避不了一个问题：如果进行物理监测和营养成分检测的相关工作人员舞弊怎么办？上传过程会不会出现程序被黑的状况？

　　从逻辑上而言，上述问题是非常容易发生的。我们举个例子：为了检测一批进口牛肉是否符合中国牛肉的检验标准，一般的做法和流程是，抽取一部分牛肉，在官方认可的检测机构由专门的检测员按照已有的一套标准进行检测，再由他发布这批检测数据。在这个过程中，首先抽检如果是无人监督的，抽检的牛肉很可能被调包；其次，官方认可的检测机构很可能因为商业利益而修改数据；再次，即便检测机构忠于职守，但是检测员被买通，发布数据的真实性也存疑。这就是我们一直提到的单一信用主体或叫作信用串联造成的数据造假。

　　所以在数据的可信度上，更需要引入区块链的思想：任何一个数字资产的确认，更多的信用源能够提供更多的信用值；自动运行的客观信用，胜过人为操作的主观信用；全面立体的生态信用，一定比非生态信用可信；随机抽取的信用机制比有规律的信用机制更可信，比如随机双盲或随机多盲的主体信用抽取机制。

多重取证是保证数据真实性的核心路径，不能把所有的信用供应都交给单一主体，如果有条件的话，同样的数据采集可以多设置几台不同厂家生产的设备，随机抽取数据作为采信素材。

通过不同的取信主体相互佐证，在不考虑成本的情况下，通过多种数据或设备提炼，并以随机的形式进行数据抽取，是能够保证数据真实可信的。如果考虑成本，除非把所有参与的设备提供商都买通，比如为了得到10元钱，需要投入1000万元作弊，这样的舞弊方式在实操当中出现的概率是非常小的。

而且，设备提供商是有历史信用记录的，历史履约信用值可以提供一定的参考。

上述进口牛肉的检测问题，在流程上就可以改成：由两个以上的抽样小组进行检测，送检单位由两个以上的供应商参与——最好他们的历史信用记录良好，无违约，检测结果的上传最好全自动化，上传的过程中程序由分布式的区块链底层构成，不易被黑客攻克。同样，采用的数据也随机调取。这样，就大大增加了数据的可信度，为接下来的流程打下夯实的基础。

数据采集之后，就是上链了。所谓"上链"，就是把需要的数据上传到区块链数据底层。而在链上的数据运行，农业区块链不用更多太复杂的模式，经典的"资产存证"式公链架构，就可以实现这些落地应用的需求。

这里涉及两个核心问题，其一是资产的存证，其二是资产的交易（读取）。

1）资产的存证指的是对采集并上链的数据进行确权，确保物品的真实性。例如这样一个交易场景：从赤峰出产的屠宰好的阿旗的羊肉，在包装的时候贴上溯源码，贴码的过程就是一个建立起这盒羊肉和区块链互联网联系的"上链"动作。

这个溯源码所承载的数据有两方面内容：第一，一个唯一的身份ID，证明这批次羊肉和消费者下单的羊是一致的，不会弄虚作假；第二，这批次羊的生长和屠宰信息、羊肉的保质期及文化等附加值，激励通证（关于Token通证在后面章节会详细阐述）等其他信息。

溯源码上面的集成数据都是通过养殖过程中的设备监控、数据抽样或提取得到的，通过自动传输的形式呈现在一个身份ID里面。其效果是：消费者可以通过扫码这样简单的形式，看到这盒羊肉中所有其关心的数据。

2）资产的交易是指将付费读取的数字资产价值的农产品数据的所有权一次性转移。同样，上链数据的交易也是一个多重信用相互佐证的过程。

所谓交易有两层含义：其一是花钱购买这件东西。上文提到的在饭店花钱购买一盘折耳根（假设支付50元），很容易理解。其二是数据的读取。回到饭店购买折耳根的问题，付费支付折耳根的行为对应的在链上的数据交易是，代表这一盘折耳根存在的数字，包括产地、制作成本、营养价值等数字，被50元取代，系统需要先去读取这些数据，减少一盘折耳根库存，金额多增加50元。

区块链溯源联盟链的治理共识

溯源，"追本溯源"，寻找发源地，在商业化应用中，可解释为了解产品的生产过程，可能对人体有益或有害的成分，以及权属关系等。或者，在一个全数字化的环境中，能够找到需要的数据。

在这个数字化时代，溯源是农产品价值流通体系中的核心入口，也是解决食品安全的关键钥匙。

当我们讨论"区块链存证"或"区块链溯源"的时候，实际上包含了两个"链"的概念：

一是"证据链"，这是目的和核心。无论是向消费者证明农产品真实可靠，还是在出现法律诉讼时让法官相信相关证据材料的真实性，都需要一个相对完整的证据链条而不是一两个点状的证据。这就需要尽可能地去构建一个系统化的取证方案，其中的各个环节互相链接且相互佐证。

从这个意义上讲，这个链条是不是区块链并不是核心问题。但目前的问题在于，这样的传统方式之下，依靠单一权力机构来背书，用人工的方式操作执行整个流程，其可信度受到越来越大的挑战。

二是"区块链"，这是技术手段。其实，区块链的核心理念也是上述的"证据链"——上一个数据块的"数字指纹"保存在下一个数据块中，形成牵一发而动全身的证据链条，以此实现技术的"信任"。因为是计算机自动和程序化运行方式，天然屏蔽掉了人为控制的可能（或者说，把作恶作假的成本提到了足够高的程度），使得社会化证据链的构建成为可能。而人们经常提到的"去中心化"，只是达到目的的一个支撑手段，但不是必然，从现有实践案例看，大量的行业解决方案采用了"联盟链"的方式。

不同于公链上所有人都可以参与，共识机制按照"机器共识"程序化自动运行，联盟链首要的任务是确定一个参与进来的信用主体（包括个人、机构和产品、方案等赋信主体）都必须遵循的第一定律，我们叫联盟公理、联盟的共识机制。或者，对应程序化执行的"机器共识"，我们命名这个第一定律为"治理共识"，就是加入联盟的人必须遵从的行为准则，而联盟之外的人则不必。

例如，在我们搭建的农业区块链上，提出了这样一条第一定律：在农业区块链上的所有上架商品，均需要通过自证+旁证的方式以确权。依此，搭建起一个完整地建立在数字化基础之上的长尾特色农产品信用生态。

为了证明自己是诚信经营、遵守契约的，生产者需要自证，提供一切可以自证清白的数据；中间层由政府、机构（检测、标准等）、媒体、信用个体等加入，形成相对去中心化、多重佐证的信用中介，同时也承担了链上法庭的作用；最后是消费者的消费行为也上链，其消费行为也接受全联盟监督。

关于多方构成的信用生态中介，我们需要从特色农产品的生产和流通全链条轨迹说起。

农民（合作社、生产企业）购买种子（畜牧业购买种猪、种牛等），播种，收割，一级批发商收货进行包装（定价），然后通过两个途径进行售卖：第一，直接售卖到线下的分销点；第二，通过互联网电商进行销售。

上文已经讲到，这个传统的流通链条缺乏有效的信用中介。现有的信用中介有几种：第一，发证。例如，对于猪肉的流通，从养殖户养猪到肉联厂屠宰，再到出厂的肉到肉铺销售，这个过程中起到信用中介作用的是各种证照，比如养殖证明、安全防疫部门的防疫证明、肉联厂的屠宰证明、肉铺的鲜肉销售证明等。第二，抽检。我们的做法是偶尔的随机的产品品质抽查，抽查主体是市场监督部门的稽查大队。

上述信用中介串联起了很大一部分的食品安全监督和流

程，但是这样的过程，一方面人为寻租的部分比较多，当地开
的养殖证明、屠宰证明等，逻辑上存在寻租的可能。另一方
面，电商平台承担很大一部分的流通和销售，同时也承担了一
部分信用中介的作用，但是电商目前的数据结构是传统模式，
其数据的可信度存疑。

时间戳基础上的信用主体

上述所有过程，从时间的角度而言，描述的仅仅是单一时间段的一次信用认证，而整个农业区块链的信用体系建设需要在更漫长的时间和多次履约行为中积累信用数据——时间戳是必不可少的一个要素。

时间戳首先让农业区块链有了参与其中的信用主体。

信用主体指的是参与到整个区块链信用建设当中的人（或机构、产品、设备等），具体化在链上的体现，是一个具有唯一身份认证的ID，这个身份ID记录了所有的链上行为，也记录了ID所拥有的数字财富。

例如，在传统的初级农产品交易中，买方和卖方都是一次性交易行为，彼此之间不知道对方是不是值得信赖，会不会履约，也就是交易双方实际是没有身份认定的，出了问题找不到人。包装和预包装食品是有生产厂家的，但是假冒伪劣产品也可以利用这些厂家的包装。

　　数字化首先确认的是一个起始时间（有的命名为"创世区块"），系统运行的起始时间，这也就意味着农业区块链上线之后，所有的上链数据都不可篡改，不可删除。同样，对于参与其中的人而言，会获得一个唯一的身份ID，这个身份证所对应的是从这个时间起点开始，在区块链上的所有动作。

　　上链的产品同样有一个身份ID，这样的身份ID记录的是产品的时间戳、地理戳和品质戳。时间戳记录的是生产各个时间节点的信息，包括包装、运输和消费信息（有的产品，比如普洱茶和茅台酒，存放时间越长越有价值）；地理戳明确记录了生产地点，对存放仓库有要求的也记录了仓库的位置；品质戳指的是上文提到的各种检测参数，包括历史文化传承甚至个性化的加成等。

　　消费者的消费行为同样被记录在案，任何一个个体想要在农业区块链上进行消费，都必须有一个独一无二的身份ID，其购买行为、评论、遇到争议问题时候的取证，都需要在链上完成。

　　于是，农业区块链便形成了一个完整的信用生态闭环。交易各方随着时间的推移和交易行为的积累，在自己的独立身份ID上留下难以磨灭的信用轨迹，这对于未来的潜在交易对象，会提供全面的信用画像，从而逐步培养各参与方的遵纪守法、诚信经营、珍惜信用的习惯——到2030年，农业区块链上已经建成十年的信誉积累，联盟链内部已经习惯于通过网上的信用积分以决定自己的交易对象，而那样的一个"可信互联网"将大大地减少人们的决策成本。

区块链当中，很重要的一个问题是利益的分配，也就是激励机制的构建。

一个健康和可持续的生态闭环应该有资金的进入、输出，各方按照对生态贡献价值从系统中获得对等的利益回馈。

货真价实的生产者应该通过生产的产品获得商品销售的回报，以及周边衍生产品的合理回报，可是现实却并非如此：例如产品，有机农产品比施用化肥的农产品付出了更大的成本，但是因为辨识困难，在价格竞争中拼不过施用化肥的农产品。例如检测机构、媒体，应该通过对整个链条贡献的不同价值获取回报。消费者获得的回报，是购买货真价实的有机农产品，保证自己的消费不被欺骗。

区块链在利益方面的核心功能就是生产关系的再造（对应人工智能对生产力水平的提高，实际上区块链的现实意义更大）。

所以，通证（Token）作为整个生态的通证，被提上了议事日程，其被视为整个区块链生态按照几种分配方式的货币价值载体。比特币是按照矿工的工作量证明（PoW）生产出数字货币，以太坊是按照权益证明（PoS）机制生产出数字货币，它们的智能合约都是约定每一个数字货币产生中计算各节点所做的工作分配。

但是，在落地应用方面，如果商业流程和分配公平公正，主权国家发行的货币遵守货币生产的经济规则，那么我个人的观点其实没有必要以数字货币的形式制造新的流动性。例如，用来建立区块链激励机制的钱来自销售价和成本价之间的差价，区块链只是把这部分利润重新分配了，数字货币在这个分配过程中并不是必不可少的，用法定货币就可以。

不过，从技术层面分析，数字货币在体系内交易的安全性和提高系统内部流动性结算效率方面，通证（Token）是具有一定价值的。

那么对于未来十年的区块链而言，剩下的最后一个问题就是区块链如何尽快地达成？如果阿里巴巴和腾讯这样的大公司，包括沃尔玛、华润万家、物美这样的大商超做区块链怎么办？或者政府单一权威主体搭建区块链，会不会更容易？

前文我们已经介绍了，在经典互联网的电商平台上，人们习惯于在亚马逊、淘宝、京东或天猫上下单，这些大公司的技术积累和数据基础设施建设是非常优质的。但是，区块链思想要求公平、公正、共享，传统互联网的所属权是属于企业的，企业的商业模式就是把用户那些不起眼的眼球（数据）资产统一到自己的名下，从而赢得超额利润。

互联网的前身是20世纪90年代的信息高速公路，经过

30多年的发展，跨国的互联网公司俨然成为一个个庞大的商业帝国，而数据就是这庞大的商业帝国的核心资产——很难想象一个拥有庞大资产的商业帝国会把自己的利益还给用户。所以对于Facebook发布Libra这件事，我并不觉得它在合法性上走得通。

区块链的主要功能是调节生产关系，利益分配是生产关系中最核心的部分。诚然，最快搭建起农产品信用生态链的办法，就是这些大平台自我革命，把它们的技术底层按照区块链的要求建设成共享共治的全产业链信用生态，贡献出所有的数据，并依靠共识机制和智能合约运行平台。

但是，此举几乎不可能，唯有前仆后继的理想主义创业者们从头锻造。

关于通证（Token）的概念

    关于通证，以及为什么我认为"无币区块链"在具体应用场景下面是可以运行的，需要更进一步进行诠释。

    Token，直译"令牌""标记"，代表可执行某些操作的权利，在区块链体系当中，Token比较通行的解释是一种可流通的权益证明凭证，简称"通证"，更直观和有争议的叫法为"代币"。

    实际上在区块链线上网络诞生之前，这种类似"白条"性质的代币在很多特定的场合都存在。例如，家庭成员之间的口头承诺，赌场里的筹码（威尼斯人的筹码到了另外一个赌场就不能用了），游戏里的充值代币（比如Q币等），某些商城和网站自己发布的可用于兑换商品或服务的代金券和礼品卡。

    区块链，尤其是联盟链，使用的通证是在联盟特有的共识机制之下，用以做数字资产确权和交易用的。与传统代币最大的区别在于联盟发布的通证，因为区块链天然透明不可篡改和删除的特点，不用第三方的权威主体作为信用背书，一旦触及联盟区块链本身的共识机制，便自然产生权益的证明或交易。

比特币的成功案例让之后的多数区块链从业者误以为其使命是为了铸币权的争夺，却从根本上搞错了一件事：如果主权国家的货币增发是一个巨大的放水行为，那么除了各国央行之外冒出来的各种世界通证性质的"代币"，何尝不是在印钞票这条路上越走越远呢？

法定货币的基础是主权国家的信用，作为商品交换的一般等价物，并不是当下区块链技术要解决的首要问题，那些信用崩塌的场景才是区块链最应该介入的领域。

Token作为资产存证和交易的通证，在具有共识的社群里是可以作为代币使用的。比特币的社群可以用比特币在全世界交易商品货物，但是具体到商品的标价，购买一辆车到底需要多少比特币，还需要参照美元或其他主权货币。所以，交易的参与者更多的是因为数字货币匿名交易，不缴纳交易中间税费的便利，而不是因为它如同法定货币一样具有一般等价物的功能。

所以，从技术层面而言，由于区块链底层的共识机制，各个联盟链的通证和链条是天然共存的，用以激励链条中的各个节点积极参与联盟建设，以证明资产或交易权益，但是都需要和主权国家的法定货币进行一一对应。经济运行总有其客观存在的规律，我不认为目前有更好的办法去遏制各国央行按捺不住的货币超发行为——当然，这种货币超发也有其效用边界。

通证在另外一个层面，试图摆脱主权货币数量的变化对生产关系尤其是分配机制的调整，比如改革开放40多年来，纯粹从土地上产生的收益实际是严重缩水的，这也是越来越少的人们从事农业生产的主要原因。

但是稀缺的优质农产品依然水涨船高，如日本神户的和牛、阿德莱德的蓝鳍金枪鱼、贵州的茅台。货币的本质是一般等价物，钱本身是没有价值的，只要证明东西货真价实，在漫长的历史进程中总会发光的。

所以，在优质的特色农产品和区块链的天然结合中，通证的根本作用是一种货真价实的权益证明，是唯一的价值确权和身份证明，我们要创造一种脱离线上和线下局限而共生的预言机，让散落在大江南北的长尾价值都能够在漫长的经济生活中保持其独特的健康和人文乃至文明的价值。

2030年农业信用生态畅想

　　未来的2030年，依靠农业区块链思想初步组织起了一个完整的农业信用生态。这样的生态造成的另一个必然结果是，人们对未来的预期是可控的，这样间接地对农事生产和生活品质产生影响。

　　我们常说一亩三分地，意味着特定的小环境下特色农产品的产量是有限的，比如五常地区的大米每年只能生产110万吨。在建立起区块链信用基础上的稳定预期之后，土地的拥有者要想增加单位土地收益，办法只剩下两个：其一是种子技术的提升，匹配更适合这块土地种植的更优良的品种；其二是农事管理更精细化。

　　像过去一样靠掺假售假是不可能了，唯有把精力都用在改善农业生产上。而产量恒定，收入恒定，就不会对预期有过分的奢求。

　　未来的链上生产者基本都处在这样一种状态下：

农事生产的重点就不在于看到别人家的东西好然后假冒，而是踏实地在自己的土地上耕耘，寻找合适的品种，匹配对口的科学技术。因为完成了数字化，长尾的农事产品都能够匹配到相应的消费者，形成良性循环。

在营销上，渠道不是被某几个大流量的平台掌控，而是在系统贡献者之间进行分配。流通、检测、农事生产、销售等环节，也按照贡献分配共识机制程序化运行，系统鼓励劳动者，但是又不会让个体获得过多的权利和收入。

消费者放心消费，而别有用心地破坏生态的职业打假者也会在这条证据链上留下痕迹，其破坏生态健康的代价是被永久曝光，无法进行人为删除，久而久之，就都只剩下守信的消费者，形成良性循环。

区块链思想在农业领域的应用由此就基本实现：

1）规则透明，分配合理的社群。议程设置以区块链共识的形式确立下来，一切以合约自动化运行，谁也不用占别人的便宜。在这个农业区块链当中，你拥有什么，付出什么，就会得到什么样的回报，生产者、技术科研人员、消费者都很清楚自己在这个生态链当中的角色。

2）以信用为信仰的契约生态，人人讲信用，对失信者有一整套对应的惩戒机制，污点不可改、不可删，造假制假变成人人喊打的恶习，说真话卖真货重新变成优良的品质。

一个以合理的规则程序化运行的绿色农业生态链便运转起

来，正本清源，让人们回归食物本身的健康和安全，以及附着之上的文化和精神愉悦，而不是单一的赚取利润。如此，区块链便发挥了技术服务于人民更幸福生活的作用。

第三章
初级农产品监管和
数字标签的使用

在农业区块链的信用体系建设中，政府和相关主管部门的立法和监督、稽查、惩处工作必不可少。区块链技术和产品的诞生，无论从监管的科学性还是从效率上，都将起到事半功倍的效果，尤其是对初级农产品。

　　食品安全的监管和稽查、执法，包括一些食品安全相关的诉讼，主要以《中华人民共和国食品安全法》（以下简称《食品安全法》）为依据，而监管的主要载体是标签。

　　例如，消费者购买包装食品的时候都会习惯性地看包装（标签）上的注意事项：产地、禁忌、注意事项、保质期等，这就是把"标准"明确地以标签的形式展示给消费者，这是物理标签起到的"信用"证据作用。

　　监管稽查的很多工作其实都是围绕标签展开的，而消费者和商家之间纠纷产生的时候，标签是一个比较重要的采信源头。而在监管的过程中，立法的标准依据标签来制定变得理所当然，这样也方便主管部门稽查和执法。

　　食品是一个比较宏大的概念，从监管的角度大致可以分为包装食品、预包装产品和初级农产品。所以，讲到很多食品安全问题，需要具体去区别是什么类型的食品安全。包装和预包装类的食品，按照不同的行业标准，是有一定的判断依据的。目前，食品领域300多个行业标准给信用判断提供依据。物理标签的意义在于，它提供了一个生产方的信用主体，能够让监管和消费者找到相应的信用承诺书和信用证据。

　　这样基于物理基础上的信用印记亟须数字化，因为数字化会把点状信用立体化，在漫长的时间积累中建立一个机构、生产者或个体的信用形象，这就是一个数字化的宏大工作。

　　而深入到农业和农村、农民，初级农产品的物理标签+数字化的信用体系的建立，对于食品安全问题的破题会起到跨越式的发展。

　　对于我国目前的食品安全监管，从职能部门的角度而言，分段管理依然是主要的办法，不同的职能部门管辖的范围不同。卫生、农业、质检、工商等多职能部门共同对食品安全负责，但是各自的标准也不统一，部门之间的行政协调成本是很高的。而利用数字化和区块链标签，将会是一个更全面立体的解决方案。

○·····●

《食品安全法》不要求初级
农产品贴标

　　我们来回顾一下最新的《食品安全法》当中，涉及初级农产品的，也就是食品安全发生最多的部分，从中可以找到区块链技术所起到的决定性作用。

　　新《食品安全法》第二条规定："供食用的源于农业的初级产品（以下称食用农产品）的质量安全管理，遵守《中华人民共和国农产品质量安全法》的规定。但是，食用农产品的市场销售、有关质量安全标准的制定、有关安全信息的公布和本法对农业投入品做出规定的，应当遵守本法的规定。"

　　第十五条："承担食品安全风险监测工作的技术机构应当根据食品安全风险监测计划和监测方案开展监测工作，保证监测数据真实、准确，并按照食品安全风险监测计划和监测方案的要求报送监测数据和分析结果。食品安全风险监测工作人员有权进入相关食用农产品种植养殖、食品生产经营场所采集样品、收集相关数据。采集样品应当按照市场价格支付费用。"

第二十条："省级以上人民政府卫生行政、农业行政部门应当及时相互通报食品、食用农产品安全风险监测信息。国务院卫生行政、农业行政部门应当及时相互通报食品、食用农产品安全风险评估结果等信息。"

第三十五条："国家对食品生产经营实行许可制度。从事食品生产、食品销售、餐饮服务，应当依法取得许可。但是，销售食用农产品，不需要取得许可。"

第四十九条："食用农产品生产者应当按照食品安全标准和国家有关规定使用农药、肥料、兽药、饲料和饲料添加剂等农业投入品，严格执行农业投入品使用安全间隔期或者休药期的规定，不得使用国家明令禁止的农业投入品。禁止将剧毒、高毒农药用于蔬菜、瓜果、茶叶和中草药材等国家规定的农作物。食用农产品的生产企业和农民专业合作经济组织应当建立农业投入品使用记录制度。"

第六十四条："食用农产品批发市场应当配备检验设备和检验人员或者委托符合本法规定的食品检验机构，对进入该批发市场销售的食用农产品进行抽样检验；发现不符合食品安全标准的，应当要求销售者立即停止销售，并向食品药品监督管理部门报告。"

第六十五条："食用农产品销售者应当建立食用农产品进

货查验记录制度，如实记录食用农产品的名称、数量、进货日期以及供货者名称、地址、联系方式等内容，并保存相关凭证。记录和凭证保存期限不得少于六个月。"

第六十六条："进入市场销售的食用农产品在包装、保鲜、贮存、运输中使用保鲜剂、防腐剂等食品添加剂和包装材料等食品相关产品，应当符合食品安全国家标准。"

第八十八条规定："采用国家规定的快速检测方法对食用农产品进行抽查检测，被抽查人对检测结果有异议的，可以自收到检测结果时起四小时内申请复检。复检不得采用快速检测方法。"

以上就是《食品安全法》当中涉及初级农产品的内容。这里面的监管逻辑，是按照现在占主导地位的初级农产品供应流程来的：监管农民生产过程中使用农药、保鲜膜、防腐剂等安全隐患；监管批发商收购，进入集散地的大仓批发，然后零售商卖给消费者的过程。

在这个监管流程中，你会发现终端消费者对于整个流程的监管和流动是无感知的，而消费者本身的消费信用也不会进入到整个体系当中去。

这就是采用区块链贴标的现实意义：建立每一批初级农产品的主体信用记录及生产者的主体信用记录，以及通过标签这个小小的入口，进入初级农产品的全链条进行监管。

区块链数字标签的作用

前文讲到特色农产品市场问题的时候，假冒伪劣之所以猖獗，是因为造假者的违约成本低，交易双方没有履约的信用基础。从技术层面而言，交易各环节连最基本的信用载体都没有。

初级农产品的流通，多是通过一级批发商收购，分销给二级或工业食品生产商，或者到集散地批发市场再分销，最终到消费者手里的形式进行。这种交易多是大宗交易，对初级农产品进行分箱和产品包装的比例还比较低，而且即便有包装，其各项流通过程的安全监管也并不是法律强制的，初级农产品的销售也不需要食品生产许可证。

初级农产品的包装，更多的目的在于方便，不用重复称重，消费者容易携带，电商渠道比较方便销售，并不主要作为信用之用。但是对于普通消费者而言，直接食用初级农产品的占到大多数，对产品和生产者的信用是有刚需的。

餐饮采购是另外一个比较大的需求，这也是食品安全的重灾区。同样，多了餐饮饭店这个环节，监管不能清晰明了地知道究竟是哪个环节出了食品安全问题。

所以，建立其基于区块链溯源体系之上的贴标（必须是数字化标签），从监管而言是有诸多益处的。

在从农场到餐桌的过程中，农业区块链要成为强信用中坚力量，我们称其为超级节点或联盟，比如农业农村部、市场监督总局、卫生部门、在册的检测机构、当地政府、名人、链上知名的有信用的消费者、大型的有信用基础的企业及公信力得到验证的媒体等。

《食品安全法》当中提到了，初级农产品在生产和流通过程当中不需要得到生产许可，就是说不用办食品生产许可证，但是在法律当中对于生产过程和流通过程，都要尽可能地进行监管。例如，农药、肥料、兽药、饲料和饲料添加剂的抽查，对批发市场的抽查，以及对生产者的记录和存证等，这些过程都是依靠信用节点来完成的。

超级信用节点也是建立在公信力基础上的——实名，有信用记录，珍惜自己的名誉，为出具的每一份报告负责。

从数字化的角度分析，这些中间信用环节提供的内容占据的网络空间是很少的，不管是什么复杂的检测报告，展示形式就是图片、文字，或者加上一部分视频。区块链的技术平台最大的作用，就是让本来就有的监管过程数字化，让已有的信用链条得以可视化。

贴标的展现形式有两种：一种是传统的批发市场和集散地模式，过程中的流通环节需要在某一批食材上贴上相关的过程情况和数据。例如，某批发商采购了一批巴马的百香果，把百香果运输到北京的批发市场，然后分销商来采购，之后拉到超市或小卖部销售给终端消费者。在这个过程中，农民生产的百香果分信用等级，按照付费变化来提供不同的数据信用登记。例如，有视频监控、有农药和化肥的使用记录、有各个环节的责任人签字，根据不同的信用要求来提供数据。

批发商批发过程中也有信用等级，比如批发使用的保鲜膜经抽检是否合规；消费终端对于冷冻冷藏的记录，会在产品售卖给消费者的时候以信用标签的形式供消费者直接扫码查看，如生产日期、地点等关键数据。

另一种是从产地简单包装后直接售卖给终端消费者的模式，其比批发模式的流程简单，就在包装上贴区块链的溯源码，这个溯源码的作用就是把生产过程做信用自证，如撒药情况、生长环境，如果有"三品一标"（绿色、有机、无公害、地理标志）的电子版，可以以照片形式贴上展示。消费者多数都是通过电商购买，直接扫码阅读。有一些对于中间的批发商工作，比如选品、运输和仓储环节不是特别在意的品类，在包装的时候直接封口，批发商只管销售就可以了，比如大米、小米、干果。

区块链溯源码的技术细节

如果从商业利益角度出发，其实在农产品的交易过程中很多人是不愿意被信用监管的。

现有的农产品流通过程中，盈利是依靠层层加价来完成的。例如苹果，地头价（采购价）为3元/斤，按照苹果的大小进行分级之后，价格加上人工涨到4~5元/斤，大车运到集散地成本到了5元/斤，然后加上批发商的利益，到分销商处是6元/斤，最终到消费者手中是10元/斤。

在这个流通环节当中，很多中间商的工作是有其价值的，比如收集果子、区分苹果大小做品控、发货。但是多数消费者并不认为自己应该为这些服务买单，在多数消费者眼里，这个苹果就应该是3元/斤。如果把整个流程透明化，会在价格上给各个中间环节增加不必要的麻烦。

其次，优质的农产品都是稀缺资源，而优质的渠道商或销售终端也是稀缺资源。如果把生产和流通环节都上链透明化，很容易让其他的竞争对手轻易查到自己的商业秘密，从而抢了自己的生意。例如，有一种溯源的美国田纳西州大雾山区的野生西洋参，当地的参农就不允许标识每一株参的经纬度，因为这会给其他的参农提供采挖线索。

还有一些品类，生产商是不愿意把生产日期放上去的。例如苹果和梨，都可以通过冷冻和冷藏的形式放很久。很多六七月份吃到的苹果或梨都不是当年的产品，都是通过冷冻或冷藏技术存放起来的。消费者只顾口腹之欲，最好不要提供太多对他产生购买质疑的多余信息——想想吃的苹果是去年的冻苹果，这种模式虽然不会有食品安全问题，但是给消费体验徒添意外因素。

所以，如何协调这个过程中的利益又照顾到消费者对于食品安全的监管需求，是一项细致的工作，需要对每一项内容进行更精细化的流程设计。

有一些品类是可以通过供应链的革新来获得效能提升的，可以直接溯源，也就是在本不用包装的品类上做区块链电子标签的包装，直达终端消费者。例如，农民家的五谷杂粮是可以这样优化的：农民在销售的时候，谷子的脱壳日期、抽检报告、稻子种植过程中的用肥情况等，通过一个小小的溯源码展示给终端消费者。

这种品类的特点是对流通过程中的物流、保存、配送等环节中时间和温度要求不太严格。干果类、五谷杂粮、可长期存放的菌菇、不宜坏的水果，都是可以在其包装上直接贴标。这样贴标，一方面不会改变供应链各环节的利益分配，另一方面又能让消费者和生产者建立起承载产品信用的数字证据链。

　　反之，生鲜类的多数品类，在贴标这件事上就要多费些周折。例如，肉类、海鲜类、活禽类（包括容易坏的鸡蛋），还有价格相对便宜的绿叶菜，都会增加贴标难度，但是也都可以找到比较合适的方案以达到贴标监管的目的，这也是未来监管工作的研究方向。

　　例如，当前直接进北京各大超市和菜市场销售的猪肉，都必须来自北京市定点的九家屠宰场，市民可以通过官方提供的平台查询每一头猪的安全检疫情况。这里面的监管逻辑是，控制住了屠宰场，就把控住了猪肉流通的安全。在此基础上，加上实物的追踪芯片，每一头猪的前世今生实际上可以通过很低的成本查到。

区块链对分段管理的协同效应

对食品安全的监管还有一个问题是多个部门分管不同的部分，分段管理，而区块链联盟链可以帮助多部门进行联合监管，并且各司其职。

涉及食品安全的监管政出多门，农业农村口的，管农业生产和部分农业安全，食品安全监督管理部门进行稽查，商委有一部分食品安全追溯的职能，卫生防疫部门管检验检疫，而交警大队在一些食物运输安全检查方面承担着一定的职责，甚至环保部门，都会基于环保要求不让养猪。

所以，食品安全虽然很重要，但是由于政出多门，经常会出现信息沟通不畅包括滞后的情况，区块链的信息共享平台可以建立起一种主管部门之间的沟通协调机制，起到现场办公会和信息联络的作用，让政府部门能够围绕市民关心的重大问题进行及时沟通和处理。

一个城市的食品安全需要多方进行监管。无论是通过传统的养殖户到批发商再到最终消费者的路径，还是从农田直接到餐桌的路径，这里面的数据流动都需要监管。尤其是关于食品安全投诉方面的检测。例如，24小时之内的产品抽检和定量检测法，都需要及时的信息公示。这样的检测是基于基本的食品安全的范畴。但是这样的检测项目属于被动监督的范畴，成本高，对安全食品标准不好定义。

食品添加剂方面的内容很多：保水剂/水分保持剂、凝固剂/稳定剂、防腐剂、面粉添加剂、膨松剂、漂白剂、护色剂、抗结剂、胶姆糖基础剂、抗氧化剂、酶制剂、乳化剂、酸度调节剂、甜味剂、咸味剂、消泡剂、营养强化剂、增稠剂、增味剂、着色剂、被膜剂。

有害化学添加方面：苏丹红Ⅰ、苏丹红Ⅱ、苏丹红Ⅲ、苏丹红Ⅳ、甲醛、三聚氰胺、重金属铅、总砷、镉、铜、总汞、铁、无机砷、钠、镍、锑、硒、氟污染物、苯并芘、瘦肉精（盐酸克伦特罗、莱克多巴胺、沙丁胺醇）、性激素黄体酮、雌二醇毒素、黄曲霉毒素、展青霉素。

微生物方面：粪大肠菌群、沙门氏菌、志贺氏菌、肠球菌、单核细胞增生李斯特氏菌、副溶血性弧菌、霉菌、酵母菌、嗜渗酵母、阪崎肠杆菌、耐热大肠菌群、大肠埃希菌、金黄色葡萄球菌、乳酸菌、绿脓杆菌等。

农药残留：六六六、滴滴涕、三氯杀螨醇、氰戊菊酯、溴氰菊酯、氯菊酯、乙酰甲胺磷、杀螟硫磷、乐果、敌敌畏等。

食品包材检测：己内酰胺、丙烯腈、甲醛、游离甲醛、游离酚、邻苯二甲酸盐特定迁移、邻苯二甲酸酯、锑、锌、高锰酸钾耗氧量、蒸发残渣——水、蒸发残渣——4%乙酸、蒸发残渣——20%乙醇、蒸发残渣——65%乙醇、蒸发残渣——正己烷、重金属（以铅计）、脱色试验——乙醇等。

检测项目分品类和不同的出发点种类繁多，成本也繁杂，各个地方的标准都不一样。例如，欧盟农药残留的抽样检测项目就包括以下几项：噻嗪酮（0.05毫克/千克），吡虫啉（0.05毫克/千克），三唑磷（0.02毫克/千克），氰戊菊酯（0.05毫克/千克），高氰戊菊酯（0.05毫克/千克），氯氰菊酯（0.5毫克/千克），溴丙磷（0.1毫克/千克），氟乐灵（0.1毫克/千克），三唑酮（0.2毫克/千克）。

如果都按照这种操作进行检测，基本上吃饭就变成了负担，严重增加了成本——生活变得如此透明，其实也了无生趣。

所以，确定一些品类的标准，对某些关键因素进行测试即可，而且这项工作最好交给第三方机构抽检。

○·····●

建立终端消费者的信用账号

　　值得注意的一点是区块链联盟中对于终端消费者的信用监测。

　　一般认为，买的不如卖的精，终端消费者在强大的商家面前始终是弱势的一方。但是在实际的消费场景中，他们也存在恶意的消费欺诈行为。这样的行为，如果不加以遏制和监管，最终也会反噬守法经营的生产方，破坏整个流程的信用生态。

　　在传统的没有数字化的消费行为中，消费者本身的消费信用是没有连续性的。例如，超市的生态就是这样的：供货商购买超市的货架来销售自己的产品，消费者到超市选购商品，其中超市实际上提供了一个场地和信用背书。为了吸引更多的消费者到超市里进行购物，超市往往会对某些过分的投诉需求选择息事宁人的做法。

　　经常会有这样的事情发生，某个消费者专门购买某一品牌的包装熟食或五谷杂粮，出去半小时不到回来大吵大闹，说其买到的东西是坏的，要求以一赔十。超市的做法往往是要求厂家赔偿。但是这东西究竟是不是坏的，或者在哪个环节出现问题，并没有完整的论证和合法性基础。

而对于购买者而言，这是一个单独的购买行为，个体本身的信用基础是单薄的，或者说他完全可以匿名完成这个消费投诉。但是厂家和超市是有信用基础的，面对一个偶发的没有信用对等的主体，对超市和厂家而言是不公平的，因为对方的违约成本基本为零，他完全可以以假换真恶意打假。因为他没有信用记录，所以在时间线当中，他完全可以用零成本的投诉行为获得超额回报。

在区块链为底层的交易结构中，这种传统的交易模型是被颠覆的。一旦发起投诉，投诉主体的历史记录便会依据系统创始阶段设定的一致性算法进行主体认定，而应诉方比如超市和厂家，也是基于在链上的信用主体进行辩论和申诉。在这个意义上，区块链在监管上给主管部门提供了一劳永逸的证据链，用以轻松地判定谁是谁非。而这套体系的建立往往让一些心存侥幸的行骗者、习惯性违约者不敢公然行骗，从而减少行政执法的工作量。

随着无纸化支付社会的到来，实际上这种信用设想越来越能够轻易地得到推进，因为即便是在支付宝和微信这样的中心化支付轨迹中，已然建立起了基础的个体信用轨迹，培养了人们数字支付的习惯。区块链支付方式的底层改造，除了方便，还留下了个体的消费信用和轨迹，解决了个体信用的监管问题。

实际上在很多的场景下，人们对于无纸化支付是非常忌惮的，因为所有的消费行为都变得有迹可循，对于个体的隐私权是形成根本侵犯的。人们在很多场景下不愿意让别人知道自己是怎么花钱的，花了多少钱。如果把所有的支付行为都付诸中心化的网络，这些数据财富都被数字巨头占据，一旦出现某些意外情况，后果是非常严重的。例如，苹果的云存储曾经发生的泄露事件，很多好莱坞明星个人手机里面的私密照片被全网大肆传播，名誉扫地。

这也是区块链的对等交易原则对传统大数据交易方式的革新。区块链在处理这类事件的时候有一个对等原则：匿名交易，双方都不必留下信用记号，这也是比特币交易的基本原则。

或者是双方都需要留下信用主体，比如购物行为，不但卖家要留下信用主体，买东西的用户也需要实名。一旦发生纠纷，这些数据和相关信息都会永远存在链上，为下一次的类似纠纷行为做参考。

这样的信用数据，对于判断一个交易主体的可信度是非常具有借鉴意义的。而这样的信用记录也会吓退一些心存侥幸的行骗者，让诚信经营和消费变成社会的主流，生产者愿意花更多的成本和精力投入到更有益健康且更优质的产品上。

全生态信用主体共同监管

传统观点认为，监管是政府行为，政府应该为老百姓的食品安全负责并支付费用。但是区块链的思想不这样认为：雪崩的时候没有一朵雪花是无辜的，食品安全事关每一个人的身心健康，不能也不应该把所有的责任推给政府。

之所以提出这样明确的观点，是因为监管本身是有成本的，而区块链本身的建设也是有成本的。

前文提到区块链分布式存储和随机确权是为了增加违约成本：想要获取1元钱的利益，需要花费1亿元的投入。区块链的底层和区块链的组织架构并不是逻辑意义上的无懈可击，而是把违约成本变得无限大。分布式思想，实际上让走后门等不正当行为变得无比困难，而且对所有人一视同仁。

初级农产品数字标签的使用，其中比较重要的一环是成本计算。如果数字标签为了增信额外增加了整个系统的成本，那么这种数字标签就不能称为好的解决方案。

首先，参与主体的数字身份确定。消费者购买农产品不同于很多工业品的一次性消费行为，是具有长效和反复购买性质的。因此在农业区块链初始阶段，需要花一定成本来建立消费者的数字身份基础，并且在其后的消费行为中不断记录他的消费信用。

对生产者同样，以前售卖行为都是单次的信用互换，每次都需要花时间和精力来彼此试探，建立起信用身份之后，商品交换的行为就具备了一定的信用基础，减少了信用试探的重复劳动。但其数字身份并非物理的和实体的，双方只需要在区块链基础上进行交易即可，成本降到很低。

其次，对于交易产品的基于区块链基础上的数字标签的使用，昂贵的产品，比如一株20年以上的野生西洋参或东北老山参，其数字标签的成本在于：代谢检测，基因组检测，表型识别。

商家进行封装的时候，用表型识别技术把物品封装进包装里面，消费者拿到的时候，直接扫描物品就知道这个是不是自己购买的产品，在这个交易场景中，数字标签的投入是可以接受的。

但是对于多数初级农产品而言，其价格都很低。一斤百香果5~10元，一斤有机蔬菜也就10元，如果用到更昂贵的标签，成本就不合算了。

数字标签实际上是系统通过共识机制计算出来的一个身份ID，其成本在于算力，所以一批货共用一个身份ID，就可以大大地减轻确权压力——其实对初级农产品而言，传统的商业逻辑也是一批货进行交易，所以这样的共用身份ID对于一批货的交易金额而言，成本基本忽略不计，仅仅是标签的印刷成本。这样即便用户拿到的产品是有品质差异的，也能够得到初级的身份确权，是算得过来账的。

减少成本的一个目标是规模经济。现在淘宝、京东、亚马逊等电商平台，或者微博和Facebook这样的信息集散地，最大的优势是规模经济。你不用重新搭建一个电商网站就可以在这些大平台上进行交易。这是互联网和数字经济的优点，但是前文也讲了，这种追求垄断的数字平台最致命的问题是平台掌控在一个垄断者的手里，垄断者获取了太多利益，而且对于平台的运营握有生杀大权，这在一定程度上增加了交易的成本。

区块链底层技术的平台，如果继承了数字规模经济的优点，并且在利益分配机制上反垄断，那么形成规模化以后，对整个特色农产品的交易成本的降低是能够起到决定性作用的。不过，按照当下流行的商业心理，现在各种区块链都在试图成为这个唯一，跨链技术比起更公平公正的联盟，可能在需求上会更迫切。不管是哪条路径，我认为只要区块链持续发展，未来人们的交易和信用确权的成本一定会降到最低。

而回到政府的监管问题，政府和监管有自己的逻辑和诉求，惯有的监管思路是：数据的流向是单向的，系统贡献数据给监管，但是给系统贡献数据并不是监管的职责。区块链市场数据对于监管的意义，在于这样一套准确性很高的数字体系，能够取代某些政府出面建设的数据来源，提高监管效率，减少监管成本。

虽然如此，因为食品安全是分段管理的，所以在部门之间，非常有必要建立起数据共享和共治的管理区块链。各部门之间的管理职责，其实就像是不同的区块中包含的必不可少的一段数据，每一个区块都必不可少，必须把每一个区块联系在一起，才能得到一段完整的食品安全哈希（Hash）值。

一般认为，区块链的落地应用最早发生、最天然的场景是政府和公益组织。因为区块链是用来调整生产关系的，用来更合理地分配利益，依靠技术做好裁判。政府和公益组织的职责和使命刚好和区块链的使命不谋而合，所以，农业区块链板块的建设，需要负责任的政府和相关组织机构放下成见和对技术的莫名恐惧，研究它并拥抱它，以创新的精神和意识更好地为人民服务。

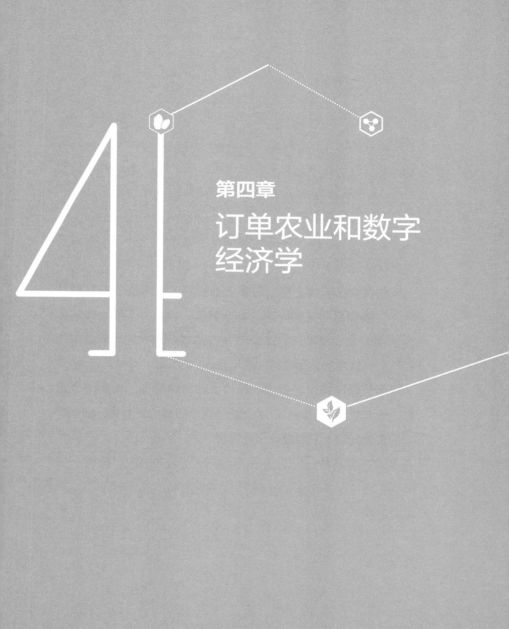

第四章

订单农业和数字经济学

在区块链诞生之前，订单农业被认为是解决农业产销信息不对等和品质监控问题的标准答案，但是讲了这么多年，真正能够大规模实现的订单商业模式并没有得到大量的应用和推广，其中的原因值得人们深思。

　　而区块链技术和思想的诞生，让订单农业的实现变成可能。十年之后，可能"订单农业"这个词都已然消失，取而代之的是时间线上的预期投资和管理。

○·····●

农产品的供需失衡

因为农产品供需信息的不对等，造成大量的产品损耗，这是行业比较难以解决的问题。

农产品的种养殖是有时间周期的。例如苹果、梨、杏的种植，第一年种树，到了第三年开始挂果；而猪达到出栏标准才可以销售，传统的特色黑猪（土猪）是一年左右，也就是12个月出栏。

我国的农业生产还有一个特点，就是生产的无序化，这块地上从前种什么，就一直种什么。无序生产的结果经常是，计划赶不上变化，种的时候是稀缺的，但是等到收获的时候，市场上又到处都是，造成产品滞销，都烂在地里。

农产品滞销的情况分成两种：

第一种，供需平衡，但是信息不对等，产地生产出来的农产品不能销售到需要的地方。农产品的生产和销售都遵循一定的规模效应，不达到规模则成本过高，超过规模则销售压力太大。

以昭通苹果为例，昭通苹果是云南省昭通市的特产，因为昭通地处高原，日照充足，而且纬度很低，昼夜温差大，特别适合优质苹果的生长。全世界优质的苹果种子种到昭通，都能够生长出味道绝佳的高原苹果，冰糖心的比例高到80%以上。正是因为昭通苹果的这个特点，使得当地的老百姓都种苹果，每家每户在丰收的时候家里都可收获几万斤苹果。

苹果收下来了，销路怎么办呢？一级批发商到农民家以地头价收苹果，然后大车发到各大批发市场，批发市场的分销商和档口再把这些苹果卖给千家万户。

一级批发商对于批发市场是有路径依赖的，往往他们经常去的批发市场就那么几个，如果没有互联网和更多的信息沟通渠道，他们的苹果往往都是在固有的批发市场进行销售的。那么问题来了，批发市场的苹果价格每天都在变，而影响变化的因素就是供需关系。以某个批发市场为核心，产品就经常出现供需不平衡的状况，供应多了，就只能降价处理。

但是，全国有60多个大型的综合批发市场，有的批发市场的苹果是滞销的，价格低廉，但是另外一个地方供不应求，价格却是有保障的。

第二种情况，产销之间的信息不对等造成的滞销和严重缺货。我国的农业生产分成两种：第一种是自给自足型，比如玉米、土豆，都是主粮；家养的猪、鸡鸭和自种蔬菜，都是日常消费品，并不作为经济作物。第二种是经济作物，生产的目的就是销售，比如南方某些地方种的烤烟，是香烟的原料；寿光的蔬菜大棚、果园基本都是用以经济用途，这些作物作为商品，首要的目标是都卖掉，并且能卖个好价钱。

当前，我国种养殖经济作物的特点基本是看天吃饭。经济作物的成本包括人工、土地租金、销售成本。很多时候，如果市场上没有人收，宁肯烂在地里也不去收获，因为耗费在收获上的时间和人力成本无法靠销售完全补回来。

实际的产销链条中，4个月以上的供应链供需错配，是非常正常的。前几年突尼斯软籽石榴热销，价格很高，农民收入很高，当年就有很多适合种植的地方开始种植。从第二年开始，这种石榴的价格就开始下行，到了第三年，基本上就属于满大街都是的状况，前期投入成本根本收不回来。

供给和需求的错配，在大宗贸易上，用金融和期货的方式预防风险，这是成熟的大宗贸易规避风险的做法，比如大豆、玉米等品类。但是很多长尾特色农产品是没有这样的风险对冲机制的，亟待建立。

○┈┈●
数字经济学调配供需

经济学自诞生开始，就分成两个方向：市场（自由）经济和计划经济。

价格围绕价值波动，供求关系的变化影响市场价格，产品过剩会造成价格下跌，进入者越来越少，反之因为商品供不应求使得进入行业的生产者越来越多——市场自发的调节能力，会让经济行为完成从低谷到峰值的循环，让看不见的"手"完成资源的有效配置，这是调整经济运行最好的方式，这就是自由经济的基本思想。

市场经济思想背后的自由主义经济思想带来了现代经济的大繁荣，但是也造成了周期性的经济危机，以及巨大的社会资源浪费。计划经济思想崛起正是对于这种经济上的自由主义思想的反思，宏观调控派认为国家应该干预国民经济的运行，以凯恩斯为代表的经济学家，认为主权国家对经济领域的干预对经济发展起到决定性的作用。

经济行为按照计划进行，从逻辑上能够避免市场经济的经济周期这样的无法克服的弱点。但是，我国改革开放之前的经济实践证明，计划经济并不能带来大繁荣，反而管得过死，把经济生活变成一潭死水。

其实无论是计划还是市场，都有其无法克服的根本性缺点。计划经济下极端的情况，因为一切都是由计划决策，微观市场的种养殖和交易机制完全失灵。而供需失衡，则是走向另一个极端也就是完全由市场决定的结果：老百姓辛苦种了一年的大米到年底发现根本卖不出去，只能烂在田里不去收割，造成了巨大的浪费，引发了无数因为菜贱而伤农的社会问题。

市场机制走到极致，优胜劣汰，公平竞争，在整体上确实会营造良好的竞争氛围，促使主体进行农业生产技术的改进，但是对于处在供需波动中的个体和机构，则是灾难性的损失：不管是因为信息不对称造成的农产品滞销，还是整体的供需失衡，因为是大宗商品，农民损失是难以计量的，往往某一年颗粒无收，就一蹶不振。

计划经济要求有计划地进行生产和销售，即均衡供需——供需均衡减少资源浪费在于产销决策机制的合理，能够对未来发生的市场变化做出预判。当农业生产的大数据，包括生产、销售在内的复杂的决策机制，由值得信赖的数据和公式推演，那么在很大程度上就能避免当前农业遇到的供需失衡问题。

这就是农业领域的数字经济思想，这种数字经济学思想，在当前的某些领域，就已经可以完全实现了。

例如，诸多标准化产品的生产和销售数据构成了几个垄断大电商平台的大数据基础，他们完全可以通过算法匹配，把需求推送到生产者的手里。但是，由于这些商业平台首要的作用是盈利，所以他们的商业模式对于数据的应用首选不是为了社会组织和减少浪费，而是如何让数据赚更多的钱。例如，字节跳动系的算法推荐，其商业逻辑是，按照用户的喜好推荐他喜欢的内容或产品，这是这家公司把数据当成金矿进行开采变现的商业模式决定的。这确实能够解决用户在浩如烟海的内容中找到自己需要的部分的问题，但是并不能解决数据需求的用户和数据生产方之间的供求关系。

同样，阿里巴巴、京东、百度、亚马逊等，并不把数据运算的核心放在如何匹配供需上，而是放在如何提高重点位置的广告曝光和收入上，包括搜索排名的规则、页面展示、首页和最终页的广告及用户推送等，其收入的核心来源于股东利益的最大化，也是数据变现的最大化，而不是减少整个社会的信息沟通成本。

在这样的机制下，商户（或者生产方）为了和别家进行竞争，一方面改进价格，一般是过剩生产进行饱和攻击，也叫作倾销（我们知道，某些品类生产越多则价格越便宜）；一方面赔本赚吆喝，斥巨资占据流量入口，投广告，把其他竞争者挤出市场，然后赚取超额利润。而用户，则养成了选品只看价格的习惯，长此以往，又反噬生产者的生产决策。

减少整个国民经济的浪费，以销定产的逻辑，推演不出来上述的商业模式。通过用户的消费喜好和网络行为，以及生产者上架和价格调整等行为获取数据的平台方，如果以供需平衡的思路去重构商业逻辑，就会创造出新的商业逻辑。

滴滴打车和Uber（优步）这样的平台在数据匹配方面，从某种程度上做到了技术算法调整供需平衡的作用，其商业模式比传统的信息流广告模式更符合经济学原理，创造出了新的价值。

在出行领域，运量和需求错配的问题更为典型。在高峰期，大数据系统会根据用车需求增加车辆的供应，在最需要车的地方调度更多其他区域的车过去。这样的商业逻辑，是数字化技术服务于资源配置的典型案例。

当然，阿里巴巴和京东也在某些领域做类似的尝试，试图通过数据算法填平供求之间的信息不对等。从未来发展的趋势和目标而言，减少社会总成本的浪费，增加单位生产资料的产出，这一理念如果成为共识，更多的科技巨头应该会加强这方面的布局。

订单农业的首要目标，是通过滴滴打车这样的数据匹配，完成效率的提升，减少浪费。不过在商业逻辑上，农产品的产销过程要复杂得多。

当前的数字农业尝试

在数字农业领域，真正深耕的科技企业其实不多，尤其是在订单农业领域。当然这里面有诸多原因，不再赘述，单单就技术应用而言，有一些创业公司在做努力。

一亩田试图用类似滴滴打车的方法，解决从产地到综合批发市场的信息错配问题。想要卖货的用户通过平台，可以获取批发市场的各种需求信息，然后进行比价，促成交易，最终解决信息的错配问题，避免因为不能及时获取市场一手供需变化的数据而形成滞销的问题。

这种互联网的数字商业模式，其原理跟滴滴打车类似，通过获取足够多的参与主体，让这些大数据形成供需之间的合理匹配，并以充当其中的信用中介，比如支付、品控押金等促成履约的角色赚取中间费用。

　　从农产品销售的传统流程而言，这种数字化的提升具有很大的价值，而且获取数据的成本很低，降低了整个交易系统的数据流通成本。

　　如果供需之间的信息能够匹配，订单农业就变成可能：从逻辑上推演，第一步，平台获取足够的参与主体，批发商、批发市场和档口、零售商都在一个平台，那么倒推回去的需求就有可能形成预定的订单。"预定"只是一个简单的产品语言，但是足够多的预售数据，就能够从需求倒推供给，让种养殖的农户可以以销定产，从而避免大量的浪费。

　　B2B的数字化是相对简单的，但是传统的大宗交易之所以要面对面，是由大宗交易的特点决定的，那就是量大，一旦出现品质问题或支付骗局，信用中介（在这里是互联网平台）承担的风险是很大的。传统的做法是，销售商缴纳保证金或信用押金等，以偿付准备金的形式给自己增信，但是单笔交易过万元，在陌生人之间，其实也很难获得普遍的认可。

　　农产品大宗交易还有一个难点，就是很难标准化。B2B的互联网平台多以工业品这样的标准化产品为主，就是因为交易双方对于品控的标准是一致的，工业流水生产是否符合标准很容易定义。但是农产品不一样，每一个苹果都不一样，同样一批蔬菜有好的也有不好的，加上个体口味的差异，所以农产品大宗交易过程中的分歧比及工业品更多。

　　面对面姑且有争执，何况陌生人之间的撮合交易。一般而言，就农产品交易，促成交易的方法习惯于说"你尝一尝"，不管是大件的还是小件的。B2B交易，需求方一般都要求供给方提供试吃的样品，即便是小商贩散售吃的，都会拿出样品让走过路过的消费者"尝一尝"。所以，陌生人之间的信任是很难通过一次性的交易建立起来的。

涉及国际贸易，则需要符合不同收获主体的产品抽检标准。而国内的大型综合批发市场都要求对货品进行快检，以技术的手段保证货品安全。

所以，尽管很多农产品交易的平台做了很多卓有成效的工作，但是因为上述原因，始终脱不开单一的价格竞争，用户需要很长的时间才能建立起彼此之间的互信，而基于区块链思想，这个问题即可迎刃而解。

○·····●

未来订单农业的数字化生存

在2030年，经过数字化成长起来的人们已经习惯了这样的一种消费模式：春天，用户在一个区块链底层的互联网上（比如叫作"秋收"），选择几项当年秋天会出产的产品权益Token，比如7月的新疆小白杏、9月的热带百香果、10月的苹果和西红柿及稻米等。

可预计的优质农产品，产量都是有限的，今天听起来需要反复跟客户强调的基本常识，十年后已经不用再教育了。用数字化的手段，合理规划自己的膳食和营养结构已经成为人们的一种生活习惯。

今天的订单农业，仅仅存在于一些特定的场景下，比如特供产品。特供产品的供应链是这样组织的：需求方提出特供要求，比如安徽女山湖的特产活水蟹，并先支付一定的启动费用，比如50%。农户拿到订单之后，不用考虑其他的市场需求，专心养殖优质的螃蟹，到了秋天收获的季节，需求方验货，达到要求后支付剩下的费用。这当中，一个双方认可的标准是契约的前提，双方需要在收货的标准上提前签订合同。在这个闭环当中，市场的价格波动被排除了，锁定收益能够让生产者把精力和资源都投入到产品质量上。

在这个模式当中，如果出现货品不达标的情况，因为事先制定了标准，所以生产方是不能获得剩下的费用的。有一些意外情况需要考虑，比如需求方因为资金问题而不能支付剩下的费用，这种情况怎么办？另外，市场价格变动的时候，不守信用的双方都有可能毁约：价格下跌的时候，需求方不愿意支付太多的钱，转而去购买别的供货方的产品；价格上涨的时候，生产方不愿意给这些货，因为可以卖更多的钱。

特供模式能够在一定程度上保证生产方的履约行为，因为一方面长远合作的信用和利益捆绑，另一方面能够提出特供要求的需求方都具备对违约的生产方严惩的能力。这也是订单农业在这一领域能够推行的原因，如果要在大范围内进行推进，就必须考虑如何规避双方在条件变化下违约的问题。

数字化基础上的区块链思想，是在"特供模式"的成功经验上获得的启发：特供之所以能够成功，是以特殊的方式保证了契约的履行。如果技术和信用体系能够起到同样的保证履约的作用，那么产量有限的特色农产品的订单农业，便能够在大范围内获得成功。

　　未来的优质特色农产品产销，都必须明确一个交易的共识：好东西产量是恒定有限的。所以，订单农业的基础是在相对预期的前提下生成预期。例如，回到五常大米的案例，五常地区的大米每年的产量为110万吨，按照一吨一份订单，每年年初就只有110万份订单可以交易，这些预期上链，在数字化层面保证了品质货真价实，需求方只需要在订单开放的时候下订即可。

　　对于订单的管理，同样也意味着遏制欲望，企业很清楚地预估当年的收成，像茅台酒和五粮液这样的知名品牌，也能够清楚地计算出本年度的收益，上下浮动不超过某个数——因为产量是有限的，主营业务卖酒的收入基本固定（剔除价格波动因素，完全考虑产量带来的收益）。

　　经济规律，更多体现的是对预期的管理。人类的恐惧大多数在于不可控的偶发因素，未知预期的恐惧杀伤力远远大于可预见的灾难。当讲真话和遵守契约变成经济习惯和职业操守，十年后的农产品交易方式能够提供人们对未来的稳定预期，让人以更平和的心态去接受看得到的结果。

　　所以，可见的科学的数字化生活方式的场景是这样的：春暖花开，"秋收"的区块链上会弹出当年各个季节产出的优质农产品。一季度，进口水果，南半球的车厘子漂洋过海；头一年存下来的苹果梨，产地、数量均可显示，并且可以提前预订。二季度，夏天来了，新疆的哈密杏成熟了，头一天摘下，即便冷链，也需要两三天运到客户家里。应季的草莓成熟了，还有烟台的大樱桃，味蕾都等着呢。三季度，秋天果实累累，西双版纳的水果玉米、海南的杧果都出现在平台上。

如果你愿意，还可以点下你需要的品类，肯定比当时在市场里购买更便宜，关键是能够保证有货。数字化的方式，从文化理念出发是对自己的身体和财富的管理，是预期。而只有更智慧的人才会如此生活，未来这样的人会越来越多。

○·····●

区块链通证（Token）在长尾订单领域的应用

以数字化和区块链构建订单农业的底层逻辑，那么众筹和共享经济这样的数字经济模式能够真正实现。

金融手段在农产品领域的价值，是给智慧以实际的奖赏。在区块链技术加持之下，未来的订单农业的基础，首先是农民素质的提高，或者是从事农业生产的产业工人数量的提升和素质的提高；其次是数字化基础设施的完善，比如区块链联盟公链；再次是结合订单农业特点的许多优质、长尾投资标的大量出现，比如上文说到的五常大米半期或者一年期单。金融手段一方面能够保证生产者提前规避风险，一方面也给投资者提供多样的投资选择，实在不行，也能消费优质的农产品。

举个通证的场景。在2030年，农业区块链已经成为初级农产品行业公认的权威公链，每隔一段时间，区块链都会发行某一个单项产品的权益通证，比如前文讲到的沙窝萝卜。天津的沙窝萝卜就生长在很局限的区域内，所以产量是恒定的，假如一年某一块地的产量是1000吨，按照10吨一份权益，以区块链底层认可的共识算法，发行100份权益通证，也就是沙窝萝卜的通证，在年初播种的时候发行。假设年底收割的时候，萝卜的价格是30元/斤，那么发行的时候可以以15元的价格出售。购买者的好处是，从投资的角度，可以获得最多100%的投资收益，即便其中出现偶发因素——价格没有达到30元/斤，销售不畅，到了收获的季节投资者也可以获得低于市场价的沙窝萝卜。

可以想象，这样把期货微型化的通证经济，让"吃货"把自己的兴趣变成投资品，把自己对于某一项的爱好和由此积累的智慧变成可预期的投资收益，农民春天种下希望，消费者也种下希望，在靠谱的投资品匮乏的市场上，通过这样的模式创新，保证了自己的安全食品需要和投资收益。

这当中有很多的细节需要探讨，不过从系统的可执行性而言，大多数细节都是基于参与主体诚实守信的基础上的，而区块链的底层共识机制恰好是最好的履约保证。

传统的大宗农产品交易市场，因为天气、政治、供需等不可控因素造成的价格变化，衍生出多种金融属性的期货玩法，比如降低风险的套期保值。但是这一套体系，对于玉米、大豆这样的大宗农产品有效，对于产量小的长尾特色农产品是无效的。

长尾产品，一定会衍生出长尾的社群，这样的社群是基于对某种产品的喜好基础之上成立的。例如，沙窝萝卜就只有这些喜好者；黄土坡出产的蜜杏和用它泡的果酒，只对这些吃过的痴迷者有效；折耳根只能吸引西南地区从小吃它长大的人们，他们愿意花钱等待一年。

待互联网升级到区块链，数字经济不单单是信息的丰富，更是价值的传递。例如，就是这样的一份附着在折耳根实体上的通证数字权益，你可以把它赠送给有同样经历的朋友，春天种下希望，秋季收获满满，或者自己吃，或者以市场价卖给别人获得投资收益，多么有特色的一份礼物。

所以，在区块链身份认证的基础上，食品安全顽疾便能够以这种方式得以解决——所谓特供，我理解就是能够吃到自己想吃的原生态的东西。除了特供的没有任何个性化偏好的好产品，区块链技术还根据个人的喜好，通过算法匹配了针对性的个性化食材，数字农业以这样的方式，在十年之后的未来，会给人们的幸福生活添砖加瓦。

○·····●

数字经济学

市场（自由）经济和计划经济，在未来会逐步转变成数字经济，但是我们也要清晰地认识到，这个过程并不是完全转变的过程，在很长的一段时间里面，传统的供需方式（消费理念）和数字订单方式会共存：杜绝波峰和波谷之间的浪费是良好的愿望和理想，但是不会一步到位。

回到沙窝萝卜的订单农业场景案例，100份沙窝萝卜的权益，对应1000吨当年产量，其中有一个问题是，并不是总共有100份沙窝萝卜的权益，市场上就会出现100份权益进行流通。

首先，假设总产量是1000吨，生产方会去衡量，是不是需要提前把所有的权益都让渡出去。让渡权益的原因，是为了缓解资金链的压力和对冲在预判收成时候可能造成的误判，所以一般而言，生产方不会把所有的权益从一开始就让渡出去。让渡与否，以及让渡多少的决策依据，除了资金压力，还有生产方是不是愿意去承担从春天到秋天的风险。如果结合各种因素判断，秋天收获的时候一定能够卖个好价钱，生产方是不会让渡所有权益的，一般的做法是让渡50份，而剩下的50份则等到收获之后以市场价格对外销售。

其次，并不是所有的消费者都是理性的或具有投资意识。对他们而言，想要吃到沙窝萝卜，马上就能买到，哪怕多付出货币成本；或者，对他们而言，不愿意提前投入多达三个季度的资金沉默成本。这些人笃信传统的眼见为实，立刻享受，吃多少买多少，并不愿意在吃东西这样的小事情上多费周章，以及提前规划和预期。所以，他们实际上是整个订单预期体系最后买单的人——当然，当投资失败造成亏损的时候，也是受益人。

上述逻辑，在大宗农产品的期货交易市场非常常见，交易和参与门槛高，风险大。但是，对于这种长尾农产品和个性化需求与权益的金融化，则没有一个成功的案例。

众筹和共享经济在某些特定的领域获得了成功，比如出行领域的滴滴打车和Uber（优步），但是其根本的技术在于大数据的算法调节供需。而众筹在农产品的时间线风险收益预判领域，其成功的核心是信用主体的参与，没有区块链技术和思想加持，这些尝试变得困难重重。而区块链技术体系的加持，则会让这个平台变成游戏规则相对公平而透明的数字权益交易

所，交易的品种都是这些有限的优质农产品的产品权益，如
果这个交易所得到充分的呵护并健康发展，在2030年完全可
以让那些专业的"吃货"从自己的兴趣爱好上获得收益，尤其
是那些对整个家庭食品安全负责的家庭主妇们，她们最懂得
食材的价值和意义，她们值得为这种懂得获取收益。而这样
一个区块链网站会变成她们重新赢得丈夫尊重的工具，而不
是像现在的电商网站一样，仅仅是放大她们的消费欲望并掏
空她们钱包的无底洞。

○·····●

农业合作社的关键作用

　　订单农业在执行层面的另外一个必备条件，是农业合作社这样的基础信用主体的建设：也就是说，组织管理农事生产和交易的工作由农业合作社完成。在农村，我认为再教育和培训工作是无比重要的，而培训的教程，除了包括技术细节，更重要的是重塑诚实信用的道德品质——当然，上升到伦理和道德领域，是另外一个更深层面的问题，我们将在后面的章节专门讲述，本节专门从技术执行层面分析，农业合作社所起到的不可或缺的关键作用。

　　契约的仪式感，来自合同的签订。从法律意义上而言，只有白纸黑字的可以称为有效证据的东西，才是契约，才具备有效性。我国古人讲"签字画押"，从来都强调契约的重要。但是从实际的运作过程而言，改革开放以前，实际上人们对这种契约并不是非常需要，因为之前的农村和农民一直处于一种相对封闭的环境当中，交易和往来的征信基础都是彼此之间长时间交往建立起来的人际互信。

前文已经讲到，在小地方的菜市场中，谁家的东西如何，人们心中基本上都是有数的，因为地方就这么大，彼此之间的信用长久而恒定，失信的成本是很高的。

但是改革开放搞活经济，世界变大了，我国社会因为发展经济的原因，完成了几千年历史上都少有的大迁徙。人与人之间的关系变了，距离远了，陌生人之间打交道多了，失信的成本降低了，旧有的人与人之间的互信关系不能适应新时代的要求。

人情关系的信用的缺点是失信的成本高，但是也有优点，就是维系的成本低。但是在陌生人之间的交易中，彼此要想获得对方的信任，第一次的获信成本变得无比的昂贵。首先，获得授信是非常专业的一件事，我国大多数的农民其实不具备这样的能力；其次，我国从小农经济进入商品经济，依然以小农主体参与到交易市场中，实际上话语权是严重不足的，交易身份是不对等的；再次，农业合作社出现，把分散的信用管理工作汇聚到合作社，农业生产者专心生产，交易这样的与契约相关的工作交由合作社，如此能够达到事半功倍的效果。

我在投身农业的工作过程中深切体会到，一个健康的合作社对于农产品品质和收益的作用是无可取代的。现在，基本上成功的现代农业发达地区都有带头人，这些人多是前些年外出到城市打工的农民工，或者是外出念书之后返乡创业的知识分子。这些人对于商业社会的游戏规则有基本认识，能够洞察城市里面对于农村原生态产品的需求，也能够理解农村工作的复杂性，能够很好地承担起农村和城市连接的桥梁工作，从而赢得奖励。

例如，鄂尔多斯的某贫困旗，引进了广东的贵妃鸡，当地政府非常支持创业的小伙子，以点带面，让周围的困难群众用他的技术养鸡，卖鸡肉和鸡蛋，而北京、上海这样的大城市购买鸡蛋时签订的契约，都是通过和这个小伙子签订的。

同样，信用带头人或信用社也懂得失信行为的严重性，他们会以一种信用缓冲的形式，尽量杜绝农民失信的短视行为，减小失信损失。因为，建立在区块链基础上的订单农业，其失信的惩罚机制是非常严格的，有很多小农意识的生产者往往贪图眼前的小利益便失信，结果永远不能在订单链上获得订单。

所以，农业合作社和带头人，至少在未来十年内，都应该是区块链上重点培养的信用主体。

我认识的很多这样的年轻有为的带头人，以及由他们承担起的合作社工作，都做得欣欣向荣，辛勤劳作几年，身价都在好几千万。这是一片广袤的蓝海，中国的繁荣富强需要更多这样的精英，中国的城市发展轨迹一定不是那种围绕城市摊大饼的方式，而是乡村文明的重塑，建立在现代商业和技术进步，以及契约精神上的乡村经济和文明的重建，那里才是大多数中国人的归宿。

农业农村部的数据统计，截至2016年为止，我国90%以上的农业还是小农户，小规模的兼业农户占大多数，小农户大概占到2.6亿户，每户经营规模在50亩以下，在经营方法和规模上都处在弱小和被动地位。这样的缺点，无论是在组织农业生产，购买生产、生活资料，出售农产品等经济活动方面，还是在涉农的政府补贴的沟通和农民利益的集中反映方面，都存在着严重不足。我国农民的组织性差，这是区块链技术体系推行的机遇，也是挑战。

因此，政府应该把有限的扶贫资金分配给这些农业带头人，以低息贷款或股权入资的形式扶持他们，把资源交给最会配置的人使用，让他们带领农民致富，完成中国农业的供给侧改革。这是未来十年，相关的主管部门需要去深思的事情。

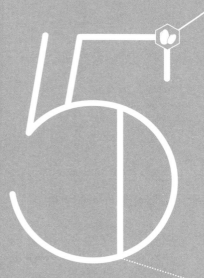

第五章

专题：茶，
道地中药材

本章选取两种影响深远的农作物——茶和道地中药材进行案例阐述。

茶

　　茶可大俗：开门七件事，"柴、米、油、盐、酱、醋、茶"，可大雅："琴、棋、书、画、诗、酒、茶"。中国人对茶上千年的特殊羁绊，形成了中华文明特有的经济和文化载体，谈及区块链和农业，就无论如何绕不开茶这个课题。

　　茶是典型的"文化搭台，经济唱戏"。前文所说中国世界屋脊下"十里不同风"，最直接的表现之一，就是中国茶在典型的茶种和小气候双重影响下，生长出来的不同制茶原料——茶青，以及不同地方因为口感和工艺传承下来的不同的制茶方法，二者形成茶本身的特质，然后是附加在之上的不同饮茶文化。而经济行为，则由此展开。

　　茶是典型的经济作物，是诸多地方的经济支柱，有史以来便是如此，其意义可大到国之根本，一百多年前的鸦片战争，从经济角度剖析，是因为中国出口太多的茶和瓷器，他国需要用鸦片来均衡进出口；也可小到家家户户的安身立命，世代以制茶为生的家族不在少数，全家人的口粮全靠春秋两季制茶卖茶。

在中国的农业经济作物当中，茶是品牌意识相对很强的品类。例如，信阳毛尖、太平猴魁、安溪铁观音、西湖龙井等，是典型的地理小环境加品类的组合品牌——组合品牌的好处是当地出产的茶叶均可以共享地理标志溢价，坏处是单一产品品牌要想做大，难上加难。归结于什么是好茶的"标准"，茶变成一个琳琅满目、标准不一、主观性很强的消费品。

所以，当前的茶叶市场，各派观点和文化层出不穷、良莠不齐，非得是品茶专家才可以说出一二。而因为茶本身的难以辨识性，追本溯源区分什么是好茶什么是一般的茶，变得无比困难。

所以，售卖茶叶，逼不得已的选择只好打价格战。而破局的钥匙，在于以数字化区块链为代表的新技术运用：茶本身和茶艺（茶道）的追本溯源，透明标准。

1 茶的分类和行业悖论

按照制茶过程中茶多酚的氧化程度和益生菌参与发酵程度，大致可以分成绿茶、白茶、黄茶、青茶（乌龙茶）、红茶和黑茶。

绿茶的工艺核心在于阻断茶多酚的氧化。制作工艺：采青，杀青，揉捻，干燥。西湖龙井、碧螺春、信阳毛尖等属于绿茶品种。茶叶的好坏，更多仰仗茶青品质。

白茶属于轻微发酵茶，以白毫银针、贡（寿）眉等为代表。制茶工艺：采青，萎凋，烘干。

黄茶也是轻微发酵茶，和绿茶的制茶工艺相比，在干燥之前增加了一道闷黄。

青茶又称乌龙茶，属于半发酵茶。铁观音、大红袍、肉桂等属于青茶，其茶多酚氧化程度介于绿茶和红茶之间。

全发酵茶便是红茶了。正山小种、金骏眉、滇红等，都是红茶。制作工艺：采青，萎凋，揉捻，发酵，干燥。

黑茶是后发酵茶，有益生菌参与发酵。制作工艺：杀青，揉捻，渥堆，干燥。成品茶外形油黑，安化黑茶、广西六堡等是典型代表。普洱熟茶是不是黑茶，学界有争论，有一种观点是把普洱单独列出，不过此内容不在本书探讨之列。

茶这个行业，很典型地表现了我国农产品"十里不同风"的长尾特点，当前遇到的典型问题也是"规模效应"和"集聚效应"不能很好地匹配长尾产品。

一般而言，茶好不好，从硬件指标而言，一方面是茶青，也就是原料的品质；另一方面是制茶工艺［从文化和文明而言，则是茶道（艺）的主观价值了］。评判茶好不好通过以上两个方面进行，但是无论从哪个方面进行评估，放在当前按照西方营养健康学的标准，都很难得到广泛的认可。

关于价格，茶行业定价混乱，从不同维度似乎都可自圆其说。例如，古树茶定价标准是茶青稀缺性、树龄长；而普洱茶和白茶，存放时间越久远，似乎就越值钱，其把时光的价值计算进去了；另外，出自某位公认的制茶大师之手，同样的茶青做出来的茶，价格也不同。

在这个主观性很强的领域，传统通用的西方营养学的商业定价规则失效了，这种按照标准化的工业流水线制定的规则，似乎并不能匹配茶这个个性化十足的领域。极端的一个场景：各国在进口中国茶的时候，在安全标准方面采用的是现代西方营养学（化学）的评判方法，不同国家有各种不同的检测标准，有的抽检项目超过1000项，使得制茶企业疲于奔命，把更多的成本花费在调整产品，适配进口国的国家标准上。

按照工业化流水线生产和西方营养学与食品安全的产品思路，产品必须达到可分解营养指标的标准，这是把茶当成快消品做安全品控的思路制定的。

但是中国茶却并非如此，其往往是按照个性化来区别的——越是手工活儿，越值钱（吃茶的器具，如茶壶、茶杯更是如此，手工的紫砂壶比机器壶不知道贵了多少倍）。

所以，多少年形成的习惯，消费者消费茶叶的流程多是这样的：喝惯了某种茶，或者是熟人介绍，或者是特定圈子共同喜好，似乎别的茶就无法入法眼了——茶本身的物理品质固然重要，带有很强主观性的小圈子的文化认同与融合可能更符合对茶叶的消费需求。

喝茶这件事，同样存在着明显的鄙视链：大师制、稀缺茶树茶青制成、藏品年限，三者的完整性程度构成了传统的饮茶分级，茶盏抬起和放下之间，短短的喝茶过程，蕴含着太多羁绊。

所以，围绕茶叶展开的，其实是数字化的各种文明圈子，相互不打扰，又偶尔交合碰撞，构建了茶文化的百花齐放、博大精深——对行业发展而言，博大精深固然大雅，都是学问，但是却离百姓太远，离规模化和产业化太远。

规模化和产业化，对茶叶而言之所以很难，是因为工业品惯用的那套失灵了。例如咖啡冲泡，速溶咖啡方便易冲，做成工业品能保证品质整齐划一（也有按照咖啡的产业化方向，把茶的精华提炼成茶粉，人们可在办公室里面像冲咖啡一样用一杯热水就冲泡完成，但终究不是茶道的主流）。但是即便是咖啡，速溶咖啡喝多了，也会追求产地和制作工艺，连四处收集来的星巴克杯子，也不能总是一种图腾。

茶道，或者茶艺，我们可定义为品赏茶的美感之道，也被视为一种烹茶饮茶的生活艺术，一种以茶为媒的生活礼仪，一种以茶修身的生活方式，从一开始便是大雅，沐浴更衣不说，还得看茶友是不是对路，所谓"谈笑有鸿儒，往来无白丁"。

茶艺步骤和流程多了，讲究就多了。怎么抬起，怎么放下，红茶有红茶的历史，绿茶有绿茶的清香，冲泡出汤时间还得按秒计。不同于工业化的快消品，茶是小圈子的文化交流介质，不同的茶吸引不同的文化，也凝聚不同的人，想让喝惯了福鼎白茶的人们认可另外的味道，是费力不讨好且非常困难的任务。

但是对于行业的健康发展，既保持茶道（茶艺）小圈子的特别，又广纳更多人加入，这样便成了桎梏，造成新进人的疑惑：究竟什么才是好的？我们需要一种智能合约，在茶道的区块链上，能够清晰明确地展示不同的制茶饮茶文化，鼓励不同宗派交流，最终降低消费者的进入门槛。

只有参与的人多了，才能够相互监督，才能够夯实信用基础，才能够使茶业更健康地大发展。

2 价值多元化的茶道区块链背后的技术支持

从技术实现和数字语言来看，茶道（茶艺）区块链是典型的"治理共识"社群，智能合约围绕展开的是主观性非常强的单品或某一特定群体的共同价值观（流水线制作茶粉，属于快消品，套用最低的检测和安全标准即可），还要协调因为个性化产品附着的个性化价值观而产生的跨链整合需求。

　　前文我们如此定义茶道（茶艺）：品尝茶的美感之道，也被视为一种烹茶饮茶的生活艺术，一种以茶为媒的生活礼仪，一种以茶修身的生活方式。

　　文化和文明这种精神层面的东西，需要附着在茶本身的物理品质上，这是区块链和技术的任务：保证货真价值，不撒谎，不弄虚作假。这样才能创造多元的价值链，否则便只有按照快消品饱和生产，以低价取胜。

　　这种以量取胜的，劣币驱逐良币的商业逻辑其实不复杂，核心是制造实体产品和情感类精神价值之间的错配。例如，利用现代人生活节奏太快，选择困难症的痛点，用商业广告不断进行传播学意义上的强制灌输，冲击客户的情感敏感区，用压迫式的营销占据客户心智，同时用粗制滥造的茶大幅减少成本。

　　商品市场的繁荣给客户提供了更多选择，但是过多选择也就意味着消费者花在商品选择的时间被严重分流——消费者的时间（注意力），是整个商业模式中最重要的资源，其次才是购买力。所以，茶叶生产厂家被迫在非产品品质方面花费更多的成本，或者是用假冒伪劣产品以次充好，或者是厂家养成单品品牌之后以次充好。

　　由于辨识茶叶口感与品质的高门槛，使得掺假制假成本极低。其结果是好茶叶卖不了好价格，而真正有实力想要购买优质茶叶，并且进入到志同道合文化圈子的消费者，买不到符合需求的产品——茶道（茶艺）的多元化在于长尾小圈子的认同上，价值观需要达成一定程度的共识，这种不同的小圈子的认同的根本就在于茶叶本身不同的特色和品质。

这便是茶道（茶艺）区块链的基础功能，建立一套程序自动运行的信用机制，制茶者、好茶者、消费者等都在其中拥有数字身份，其行为也数字化，在纷繁复杂的数据流中，以价值为基准甄别出真正符合消费者需求的产品。

例如，对于普洱茶分级，可以按照产地、制茶工艺、品鉴师（当然还有包装，不过我倾向于大幅度减小包装的权重）等参数打分，大致可以划分出不同品相。行业协会，或者叫联盟，定期召开行业标准会议，讨论研究的目标是制定出门槛相对更低且更容易辨识的行业标准。

智能合约是机器共识，以去中心化的底层逻辑完成程序化操作。普洱茶的定期行业会议引入法律程序，在有效期内按照协议进行，进入联盟的产品接受联盟各信用节点的监督——种茶者、制茶者、消费者、专家都按照系统设定的规则进行。

有效期的设定，是为了系统的升级换代，参数变化了，系统规则也会变化。例如，制作工艺接近了，分不出高下，茶青本身的品质就变得更重要，分数会更高一些。

物联网和生物检测技术是智能合约的基础，相对真实可信的数据才能够支持完整的信用生态。采集这些数据，依然需要全产业链的科技进步和应用落地。未来十年，基于硬件设备和深入到基因组层面的检测技术成本将大大降低，这对建立起一整套茶叶品质分级标准起到保驾护航的作用。

在通信领域，5G基站现在用一个小小的盒子就可以完成，在最极端的情况下，比如在远离人群的野茶山，只要你愿意支付数据采集GAS，就可以看到架设的千年古茶树的生长情况——我们甚至可以把基站架在树顶上，除了实时发送信号，不同的传感器还可以提供温度、水肥、光谱等数据。

关于制茶过程，全流程阳光操作，关键节点上都进行可视化作业。学徒制茶，挂大师名偷梁换柱将来会没有可操作空间。但是，因为大师时间和精力有限，单位产出的茶叶就那些，完全可以在现有基础上大幅涨价。

茶叶从商品流通而言属于包装和预包装食品，不同于前文提到的很多初级农产品，包装和预包装食品本身是有监管的。最大监管内容是包装便签与打开产品是不是相符合。标签本身便是一种成熟应用的信用和质量承诺，是商品取信的证据，再加上区块链的底层加持，有了中间层广泛参与的信用监督联盟，再做这些以次充好的事情代价就会非常大。

茶青的鉴别和造假，在基因组抽检技术大幅度商用的背景下，成本会大大降低。流程是这样的：产品样本取样，确定基因组关键数据序列。批次产品抽检以比对样本基因组——不论制茶工艺如何变化，也只是营养代谢方面的数据变化，追本溯源，换茶叶或掺茶叶这种以次充好的行为几乎变成不可能。

代谢检测，也就是营养成分组成的检测，按照既定安全标准进行。一般来讲，流程部分的物理监控，基本可以保证代谢物安全合格。而营养物代谢抽检，其目的是以防万一提供双重安全保障，在成本核算过高的情况下，可以视产品和主体的历史信用积分酌情删减。

区块链底层技术数据意味着，抽检结果不能改、不能删除，污点永远存在，信用层面的惩罚是极为严厉的。当然，系统在议程设置的智能合约上，可以给予申诉权利，不过不影响最后的系统惩戒。信用崩塌，最严重的是失去从业资格。

至此，追本溯源完成，便为茶背后的文化认同打下夯实基础。

3 经济茶背后的茶道文化认同

茶道（茶艺）区块链更高的追求，是对符合茶叶本身的文化内涵和外延价值提升，而茶道（茶艺）区块链底层在剔除了底层信用基建的数据乱象之后，茶道（茶艺）的多元化文化共鸣便有了夯实的基础：我们试图把分散在百花齐放的茶品中非标准化的各种情感共鸣进行数字化和标准化，赋予其可度量价值，这样才能更低容量占领用户心智和时间，起到事半功倍的效果。

茶道（茶艺）本身，"文化搭台，经济唱戏"，根本还是应该以文化搭台为主，游戏规则应该由文化来定，而不应该是市场当中涉及商业利益的各方。

像"中国人民大学茶道哲学研究所"这样的第三方学术研究机构，正在做有益尝试和实践，感兴趣的读者，可以翻阅2019年出版的《天地融入一茶汤：中华茶道中的儒学精神》，基本上把茶道涉及的历史、社会伦理和文化思想做了全面梳理。

实际上，不同的茶品都对应着不同的人群。当然最初的切入可能是从口感和健康层面，时间长了，便发生文化和精神层面的共识。

研究茶学的鼻祖，公认是唐代陆羽。《茶经》是中国乃至世界现存最早、最完整、最全面介绍茶的第一部专著，被誉为茶叶百科全书，涵盖茶叶生产历史、源流、现状、生产技术及饮茶技艺、茶道原理。

全书分三卷十节，约7000字。

卷上：一之源，讲茶的起源、形状、功用、名称、品质；二之具，谈采茶制茶的用具，如采茶篮、蒸茶灶、焙茶棚等；三之造，论述茶的种类和采制方法。

卷中：四之器，叙述煮茶、饮茶的器皿，即24种饮茶用具，如风炉、茶釜、纸囊、木碾、茶碗等。

卷下：五之煮，讲烹茶的方法和各地水质的品第；六之饮，讲饮茶的风俗，即陈述唐代以前的饮茶历史；七之事，叙述古今有关茶的故事、产地和药效等；八之出，将唐代全国茶区的分布归纳为山南（荆州之南）、浙南、浙西、剑南、浙东、黔中、江西、岭南等八区，并谈各地所产茶叶的优劣；九之略，分析采茶、制茶用具可依当时环境，省略某些用具；十之图，教人用绢素写茶经，陈诸座隅，目击而存。

　　从文化而言，中国的茶道从一开始就与宗教、伦理和习得有着千丝万缕的联系。例如，茶道与佛教之间诸多共通，"禅茶一味"吃茶去；再如"温、良、恭、俭、让"的儒家为人处世思想的茶道体现；甚至到了现代，台湾茶人把茶和基督教教义进行结合——喝茶，抬起和放下之间，儒雅和释怀，浩然之气便有了承载之物。

　　区块链最简单的应用便是对于数字化的知识，尤其是著作的确权。所以，在保证了产品真材实料的基础上，区块链真实地呈现出百花齐放的茶道思想的著作权和出处，为芸芸众生个性化地适配一款不但味蕾通透，而且情感共鸣的好茶，从而传承传统而独特的古老手艺及文化。

　　所以，未来的2030年，我们的梦想是建立一种货真价实的经济茶基础上的、丰富多彩的多元茶文化区块链。

　　采茶制茶是文化，喝茶也是文化，健康也是文化——喝茶喝健康，中国智慧强调的是天赋异禀，人与人生来不同，所以一类人总能够因为简单的嗜好聚集在一起，于是便有了建立在茶道之上的文化井喷。

不同的文化不必因为现在这种经济原因杀得你死我活，也不必用贵州的茶青制作杭州的西湖龙井。当然，更不必像现在这样，用化肥增产增收以造成严重过剩的短视办法产茶制茶——都是好的文化，不必大一统，饱和攻击不适合于这个强调个性的茶领域，经济茶必须建立在文化的多元层面，别想用简单的那套饱和攻击的操作就从这个行业赚到大钱。

技术服务于实体经济，技术服务于多元化的茶道文化和文明，喝得真茶，传承和发展真文化，才有持续的真文明。

○·····●

道地中药材

　　我认为全社会关于"中医必亡于中药"的定论，和药材行业持续出现的假冒伪劣现象分不开。

　　中医治疗术，"导、引、按、跷、砭、针、炙、药"是治疗八法，这些治疗方法基本上都可以或必须借助甚至倚重中药材。其中，最为典型的"药法"，治则方药治疗，也分为"汗、吐、下、和、温、清、消、补"八法，一切疗效都建立在古人总结出来的清晰精准的药性体系上。

　　所谓中药的药性体系，就是中药材传统的性味归经，分别指中药的性、味和归经。整体来说，中药的药性分为五个主要部分：一是四气，也称四性，寒、热、温、凉；二是五味，辛、甘、苦、酸、咸；三是归经，是指药材进入人体以后，作用于人体哪个部位，这个部位是指中医学中藏象体系和经络体系对应的部位，有明确的疗效指向；四是

指升降沉浮，指的是药物的药性在人体内的走向；五是指有无毒性及毒性大小。

如此，假冒伪劣的药材的坏处就明晰了：四性不分，五味不全，归经不准，走向不明，毒性不可控。没有符合药方的药材，神医也救不了你。

1 道地药材不地道

道地药材是优质药材约定俗成的代名词，在中医药行业中早已广为人知。

在2011年2月第390次香山科学会议上，专家们将道地药材表述为："在特定自然条件、生态环境的地域内所产的药材，且生产较为集中，栽培技术、采收加工也都有一定的讲究，以致较同种药材在其他地区所产者质量佳、疗效好、为世人所公认而久负盛名者。"

虽然，"道地药材"这个名称直到明末《牡丹亭》中才完整出现，但中医界注重药材的产地以保证药性及质量的传统却相当久远。《吕氏春秋》中的"阳朴之姜，招摇之桂"，就已经在强调产地了。汉代《神农本草经》中有"土地所出，真伪新陈，并各有法"。其所记载的药材名称已经有着明确的地域信息，如巴豆、蜀椒、秦皮、吴茱萸等，皆与当时的国名及地名有关。南北朝时期的《本草经集注》明确了"诸药所生，皆有境界"，准确地描述了药物的性状和产地与质量的相关性。唐官修《新修本草》有药材"离其本土，则质同而效异"的论述。唐代药王孙思邈所著《千金方》，开始用当时的行政区划"道"来归纳产地，为后来"道地"一词之真正发端。《千金方》卷一论用药第六中指出："古之医者……用药必依土地，所以治十得九。今之医者，但知诊脉处方，不委采药时节。至于出处土地，新陈虚实，皆不悉，所以治十不得五六者，实由于此。"

宋代的《本草衍义》中明确了"凡用药必须择州土所宜者"，强调只有使用道地药材，才能获得良好的医疗效果。明代官修《本草品汇精要》收载药物1809种，药图1371幅。其中，有268种在"地"项下，正式列出"道地"条目，记载药材的道地产区，将道地药材作为专业术语载入史册，并奠定了道地药材的规模和基本品种。

中药药材不地道，是有其深刻的历史原因的。在特定的产业政策引导下，部分传统药材主要产区的中药材已经彻底被当作像萝卜和白菜一样可以任意种植的普通农产品。虎、豹、梅花鹿等野生动物甚至可以当家畜般饲养，直接导致某些中药材产地"道地"无道、不分水土气候的盲目种植发展，以及唯经济利益至上，并且像种菜一样采用大棚，随意喷洒植物生长激素和防止病虫害的农药，像批量养猪一样养殖有重要药用价值的野生动物，再加上市场不良药商先萃取后销售，不良商贩掺杂使假，最终，整个中药材行业陷入了巨大的信任危机。

这一结果，导致很大部分有着良好医术的中医，缺乏质量可靠、性味归经精准的道地中药材，从而引发全社会对中医信心的动摇。

2 道地药材的发展悖论

随着农药、化肥、大棚、植物生长激素应用的日渐成熟与普及，农业种植业技术水平得到巨大发展；饲料、兽药、动物激素的广泛应用，也使得畜牧业进入了飞速膨胀期。令人遗憾的是，由于缺乏相应的政策约束，农业和畜牧业养殖逐渐向药用动植物的人工栽培和人工饲养蔓延。

而且，由于缺乏对中医中药材的敬畏，农业从业人员甚至是地方产业政策制定者对此没有引起足够的重视。相反，部分人无知无畏地认为，当栽培和养殖规模不断扩大以后，随着产量上升，质量也会逐渐趋向稳定。甚至有些人以为，栽培和养殖中药材的成本低于自然采挖和狩猎时的成本，栽培和养殖的药材自然就形成了主要市场。其中，一部分质量好、药效佳的品种经受市场的考验，为医患认可，就有可能形成所谓的品牌，甚至成为"道地药材"的品牌。

《晏子春秋·杂下之十》："婴闻之：橘生淮南则为橘，

生于淮北则为枳，叶徒相似，其实味不同。所以然者何？水土异也。"环境变了，事物的性质也变了。事实上，传统道地药材除了对基本的地理环境有明确的境与界的约束外，对当地的水土环境、具体的生长环境、生长周期、采摘时机、基础加工工艺都有着严格的要求与规范。令人遗憾的是，由于历史和人文环境因素，这些本该制度化的要求和规范，并未能上升为地方、行业或国家标准，而是停留在以前的私有药房和药行商会的约定俗成中。

以当归为例，当归是中医常用的补血、活血散寒药，当归身偏于补血，当归尾偏于活血。由于从古到今叫当归或土当归的植物品种较复杂，除了有上述的混乱品种外，在伞形科中叫土当归的还有20多种，在五加科中叫土当归的有四五种。另外属于菊科、蓼科、毛茛科等多种植物的根在某些地区也叫土当归。例如兴安白芷，伞形科兴安白芷的根又叫作东北大活，当地称土当归，一度被湖南和四川等地当作当归引种和误用。原产于甘肃岷县的本地当归，被称为秦归，是公认的道地药材。但是，1957年岷县居然从欧洲引种产量更高的欧当归进行栽种。市场上一些号称来自甘肃岷县的当归，外观上明显粗大，却没有多大药效。这种当归在人工种植过程中使用了一种生长调节剂，一两年就可长出来，而传统种植的本地当归需要生长5年以上，更不用说野生的本地当归了。一般中医根据国家药典规定开具的当归处方药量，是参照传统野生当归的药性，而患者实际服用的却是种植的速生当归甚至是外来引进栽种的当归，效果可想而知。

据了解，麦冬使用生长调节剂后，单产增加3倍以上；党参使用生长调节剂后，单产量翻番；原产南方的三七，北方地区开始规模化种植；珍稀的高原精灵——冬虫夏草居然可以在农田规模化种植；原应产自山地的黄连却在平原遍地开花。我国500余种常用中药材中，大约300种已经实现了人工种植。据不完全统计，2017年全国中药材总种植面积已经达到6799.17万亩。从野生到种植，再到肆意跨越道地产区的"境"和"界"，出现了"南药北种"或"西药东栽"的荒唐现象。在农药、化肥、激素等共同驱动下，潮水般的产量，竟然使得部分药材从道地产区被所谓的新兴产区取代，形同而质异的海量"药材"带来了市场的空前繁荣，中药采购人员甚至经常陷入真假难辨的尴尬境地。

药用植物经过引种改良或选育，药用动物经过驯化，再加上农药、化肥、激素、饲料的催化，产量轻松超越野生物种甚至源产地种植，虽然名称道地，但药性药效却早已物是人非了。植物药材不仅难以保证药效，甚至还需要鉴别是否农残超标，急重患者的救命药有可能被调包成了致命毒药。

动物药材也是一样，随着饲养环境、食物来源、生物活性等的条件改变，饲养动物的物种特性也在变化，使得生长在其身体上的药材的药性也发生了难以判别的变化。例如传统药材鸡内金，在大规模鸡饲养之前，药材都取自传统家庭自然放养，以谷物和昆虫等为食，经常性自主啄食沙粒和泥土帮助消化的家养鸡，其消化功能本身都异常强大，取出的鸡内金颜色一般为金黄色，不仅片大，而且厚实；而来自机械化规模饲养的速生肉鸡，因为饲料、抗生素与鸡体质等多方面原因，从其体内取出的鸡内金不仅色泽暗淡至暗绿色，而且片小而薄。

区块链技术系统任重而道远

因此，道地中药材和茶类似，都需要在保持种子的独一无二和种养殖环境的特殊性上，引入区块链技术体系，进行重塑和管理。

有关种养殖过程，可参照上一篇茶的内容，建立起一整套基于区块链基础上的追本溯源的货真价实通证，在此不再赘述。而针对道地中药材的特性，未来十年，区块链思想对"道地中药材"的重塑，首先应该从标准制定开始，重新建立道地中药材必须"地道"的敬畏。

近年来，国家加大了环境污染整治力度，但已经被污染的环境和生态恢复绝非一时之功，越来越多的野生中药材资源已经濒临灭绝或已经灭绝。即便自然环境中仍有足够用的野生药材，其采集人工成本的高企也必将导致中草药原材料价格的急剧飙升。加上和过去相比人们对于量的需求呈几何级别增长，我国本土的中药材野生资源已经难以保障市场的实际需求，种植道地中药材成为不得不选择的道路。

但是，许多药材的种养植过程的管理较为粗放，处于重产量轻质量的野蛮生长过程，化肥、农药、动植物生长激素滥用的现象十分普遍。而且，多数通过野生药材采集收集来的种子和种苗基本处于"就地种播—就地采收—就地留种—就地或异地再种播"的原始闭环状态，缺乏专业的机构对种子的品性进行"非产量标准"的优选和再育，导致多数动植物药材都处于种源不清、近亲恶性繁殖的不利条件下，因此，我们需要引进区块链技术锁定种源，从"基因戳"层面加以保护，对种源进行可逆向筛选。

与农作物品种相比，我国中药材种子和种苗标准化工作显得异常滞后。人工栽培药材中约150种药材的规范化种植技术虽然开展了部分前期研究，但已培育出来的可靠优良品种仍十分稀少，市场上交易的中药材种子和种苗仍大量存在真假优劣难辨的情况，部分种子甚至尚属于"三无产品"，土壤环境要求、种植技术参数、收获时间节点要求、农药等人工化合物禁忌等基本处于空白状态，技术规范和国家标准严重不足。目前，仅2016年1月1日正式实施的《种子法》第九十三条规定："草种、烟草种、中药材种、食用菌菌种的种质资源管理和选育、生产经营、管理等活动，参照本法执行。"

道地中药材的"地道"，是种植必须坚守的底线。因为，中草药行业博大精深，涉及现代生物学、基因组学等更高深的交叉学科（不仅仅是农业那么简单）。我们首先要做的是重塑药典，一项一项以"种子+原产地+种植环境"归本溯源，建设出标准透明的标准区块链，严禁种养殖户不按照标准进行药材生产。

　　道地药材的标准制定者，必须由证明过自己的老中医、基因组和代谢组学科研机构、种植企业等共同组成。选择样本，确定种源的基因图谱、原产地及环境因素（可模拟），每年的产量等，最后得出可种养殖某种道地药材的区域和区域内的企业名单，地方政府必须得到这样的行业联盟的准许，才能够开展种养殖计划。

　　标准制定之后，便是对种养殖和制药过程的监管。区块链的"物理监测"和"代谢检测"技术可直接套用，对空气质量、土壤成分、农药残留、水土状况等进行监管监控，结束因为环境问题而无法保证中药材稳定的生长性能和药用性能的窘境，杜绝越"境"、越"界"的任意异地栽种养殖现象，从根本上避免生产出本用于治病救人的动植物中药材成为百姓不敢轻信之物，确保中药材在其固有的严格的生长环境中，严格遵从动植物自然生长规律下的种养及采收规则，从根本上杜绝中药材的盲目引种引育。

　　需要特别重视的是道地中药材的种养殖同农作物的其他

领域相比，必须率先完成化肥种养殖向绿色种养殖的转变，严禁化肥和动植物激素的滥用。当前，中药材农药残留问题与限量标准仍极不完善。我国最权威的中药标准就是《中国药典》，虽然5年一版不断修订，但在目前应用的2015年版及绿色中药标准中，只规定了10余种有机氯农药残留量和5种重金属及黄曲霉素的测定及限量标准。《中药材保护和发展规划（2015—2020年）》提出制定和修订120种中药材国家标准；完善农药、重金属及有害元素、真菌毒素等安全性检测方法和指标；建立中药材外源性有害物质残留数据库。我们需要跳出中医药的历史局限，从种源开始引入新的生物医学科技，在DNA分子遗传标记技术、化学指纹图谱技术、组织形态三维定量分析、生物效价检测方面，打造完善的系统质量评价体系。

　　唯有如此，有几千年成功的临床实践的中医中药，才能够在新的时代发挥它应有的作用，为人类的医疗事业谱写新的篇章。（此篇文章为胡军执笔。）

第六章

基于区块链的
个性化食材匹配

建立在区块链基础上的农业信用生态，其最终目的是让人们吃上健康安全的食材。不过，在食材的绿色有机问题解决之后，下一个问题是我们亟待回答的：如何做到科学饮食，合理搭配？

　　人们获取信息的互联网"信息过载"问题前文已有详细阐述，为此个性化推荐算法系统应运而生，其基本的原理是对用户的历史数据进行挖掘，建立用户关于兴趣的数学模型，并预测用户将来的行为和喜好并给用户推荐可能需要的服务。

　　就饮食健康领域，业界很早就提出了"个性化食材"的概念，就是根据每个个体的喜好，匹配与之相符合的食材。这样的个性化食材（个性化营养）概念的提出，是和当下人类饮食文化发展新变化密不可分的。

　　首先，食品生产大发展导致营养过剩（非营养不足），从而引发非传染性疾病健康问题，比如糖尿病和肥胖症。这和第二次世界大战之前的由于饥荒引发大规模疾病的背景完全不一样，人们迫切地需要一种更匹配自己身体的膳食结构方案，并且减少食物的浪费。

其次，消费者健康意识的觉醒，使得他们愿意为健康的食品或生活方式买单。为了完美的身材，调节一日三餐的食谱和生活作息；父母为了孩子的健康而选择更绿色有机的原生态食材；爱美的女孩子们为了更光滑的皮肤放弃诸多美味；运动员为了取得更好的运动成绩，远离油腻食材，杜绝烟酒。

但他们都有一个共同点，即追求一种更加健康、积极、便捷的生活方式，这也是个性化饮食与传统饮食最大的不同。

从科学角度而言，世界是由多样性的地域和气候条件组成的，不同的地域和环境，造就了不同的生物和品类，而人体受种族、年龄、性别、生活习惯、环境等多方面影响，个体所需要的营养成分也是不同的。

随着基因和代谢检测技术的发展，通过测量个人的关键生理指标，定制出每个人专属的营养方案，不仅对健康管理更有针对性，而且更有益于培养适合个体的健康的生活方式。市场上也的确出现诸多类似的产品。

但是我认为目前多数针对食材的个性化算法推荐，存在前文所述的类似的商业逻辑缺陷：多是从商业利益的角度讨好消费者，推荐他们"喜欢的"，而不是他们真正需要的。

真正有大价值的是根据个体的身体差异，匹配与此裨益的健康饮食建议和方案——科学的方案，所起到的是引领的作用，而不仅仅是满足消费者的口腹之欲。

我们希望基于区块链技术底层，建立一个庞大的生物数据库，一边是生物学家和基因组学科学家、营养学家积累下来的生物基因数据库——并不是单纯用于研究的大数据，而是针对性的可商业化的数据筛选；另一边是个体不同时期与健康相关的（比如肠道基因）数据，用一致性算法对两个数据库进行匹配。

区块链在这个设想当中具有决定性的作用：

首先是生态系统的激励。全生物领域的数据库，并不是某一个科学家、机构、营养学家、医生能够完成的，如何保证这些科学家或科研机构的研究和数据贡献，以一个相对公平的回报机制，让这些参与节点能够积极地上传自己的研究成果，这是一个激励规则是否公平且透明的问题，比如肠道基因的检测机构或仪器设备的研发如何激励？比如与之匹配的食材供应商和处在两个数据库之间的营养学家、分析师，他们的价值如何判断？如何为其付费？这些问题的解决方案是区块链最擅长的。

其次是数据库的安全。分布式的数据存储方式和分布式账本，多层随机确认的共识机制，以及非对称加密等更为安全的数据加密形式，这些区块链涉及的关键技术，都是与这个个性化设想更匹配的安全卫士。

结合上文提到经过区块链溯源生态形成的农业信用生态、可溯源的食材，与个性化食材体系相契合，就完成了整个农业生态的大健康闭环。

个性化的数字定义

"个性化"实际是属于IT领域的说法，从数字化的角度很容易去理解。但实际上，个体差异是世界的基本真相，人不可能两次踏入同一条河流，从逻辑推演而言，只有一个独一无二的最匹配个体的食材库和食谱。

IT在商业个性化领域的应用，是目前为止最为成功的案例。基于个体历史数据进行个性化的算法推荐，是我国字节跳动这家拥有今日头条和抖音这样巨无霸应用的核心技术。

前文详细阐述了人类进入信息时代最大的问题，就是浩如烟海的信息对个体造成的选择困难症，对个体有用的信息被埋没在无数的垃圾信息当中，如何选出个体喜欢看的内容这个商业痛点，为字节跳动创造了巨大的商业利益。基于个体长期的上网行为所留存的大数据，系统为用户推荐自己喜欢和需要的信息：同样的首页，千人千面，每个人看到的东西都是自己喜欢的。

同样，电商网站对于个性化商品的推荐几乎是标配，京东和天猫这样的平台上，都会记录个体用户在历史消费过程中的消费行为，并推荐给你可能需要和更容易下单的商品。Facebook和百度、微信、微博的信息流广告也秉承算法，根据用户的喜好推荐与之匹配的商业广告，从而不让用户感到被恶意骚扰。

实际上，回到数字化价值的话题，对于个体而言，有用的数字信息是有价值的，对自己无用的信息是没有价值的。算法推荐最大的价值在于，以一套基于用户喜好的关键数据库为逻辑出发点，简单地通过协同过滤推荐算法（基于用户的协同过滤算法和基于物品的协同过滤算法）完成信息的筛选过程，复杂的基于模型的协同过滤完成信息筛选，包括 Aspect Model、PLSA、LDA、聚类、SVD、Matrix Factorization 等模型。

算法是人工智能的基础，机器学习的根源在于对已有数据的积累和数据变化的推演。算法推荐打破了传统杂志按照内容分类的排版逻辑，缩短用户选择有用信息的过程，剔除用户不需要的信息，这是一个巨大的技术进步，也是人工智目前已经落地的应用场景。

实际上就目前的互联网平台而言，算法推荐算是标配，比如字节跳动、Facebook基于个体信息好恶的算法，淘宝、京东、亚马逊基于下单用户物品的算法，甚至基于信息推演的物品算法这样的模型。所以在这样的基础上，建立庞大的全生物基因组数据库，是具有很好的IT技术积累和用户基础的。

IT的算法推荐介绍

接下来介绍一下目前在用的，个性化食物推荐的一种做法，这种做法并不是针对用户需要的，而是根据用户的偏好进行商业化推荐。通过协同过滤算法筛选出用户最喜欢或偏好的几种食材进行推荐，原理是通过收集用户的历史数据发现用户对食品的喜好，并对这些喜好进行度量和打分。

第一步，收集所有用户的历史饮食数据。用户在不同时间段想吃的食材不同，因此可以规定好数据收集的时间段，比如收集n个用户一个月的饮食数据。

第二步，计算用户距离。方法有欧几里得距离和皮尔逊相关系数等。皮尔逊相关系数计算更复杂些，但是在评分数据不规范或由于用户使用频率较少，次数相差过大时，其能够给出更好的结果。

第三步，选取近邻加权并筛选和推荐。假设我们需要对用户C推荐食材，先对相似度进行排序，

发现用户C与D和E的相似度最高。 或者说这三个用户是一个
群体，拥有相同的偏好。 因此可以给C推荐D和E食用过的食
材。提取用户D与E食用过的所有食材次数，并用皮尔逊相似
度系数进行加权计算。

　　用户可能不会每天都记录自己的饮食情况，导致每日的
推荐结果都相同。为了得到推荐结果的多样性，采用轮盘赌
选择法。

　　在评估推荐结果的准确性上，采用余弦相似度，又称余
弦相似性：通过计算两个向量的夹角余弦值来评估他们的相
似度。余弦值在［-1，1］之间，值越趋于1，代表两个向量
的方向越趋近于0，他们的方向更加一致。相应的相似度也
越高。

　　将上述算法重复若干次以去除偶然性，然后统计10名用
户的余弦相似度的平均值，推荐结果的准确度达80%。

　　根据用户历史饮食数据，采用基于用户的协同过滤算
法，找出与用户具有相似爱好的用户的数据，然后生成推荐
食材。采用轮盘推荐法，使推荐系统的推荐准确、多样。

○·····●
两个区块链数据库的匹配

　　如果基于用户个体所需的算法推荐数据库，原理也是协同过滤算法，不过更复杂的是，需要用户个体的历史数据库、全生物基因组数据库、类似的肠道基因组类型数据库等，而协同算法的个性数据，比如肠道基因组提取之后，是需要通过个性化的方案进行全基因组数据库匹配的。而这里，需要更完善的可匹配的成功历史方案。

　　假设个体从婴儿时期就建立起个人的基于基因组数据的健康档案，那么婴儿时期、幼儿时期都有数据积累。可以把他的数据分类成多种类型，然后在数据库中匹配类似的人体饮食食谱，尽量以负面清单的形式出现，也就是不适宜吃什么。其实类似于医生开出的药方，这种食谱都是人们输入系统的。这中间就有一个算法的相似性问题，上述算法过程可以复现。

　　而正面清单，是基于科学家们的研究，个体在营养上所缺乏的某种物质，在特有的产品中拥有的独特的基因组特征。例如中医说的补气，有的药材当中有，有的没有；有的药性强，有的药性弱，此时可通过算法指向匹配药材。

除了人工智能的作用，传统商业基础设施的进步，比如仓储、物流和配送的智能化和成本降低，也让人们满足个性化的需求成为可能，而更大的进步在于人体营养代谢物的检测或肠道基因组的检测成本大幅度下降。

还有一个数据库，是庞大的长尾农作物的基因组数据库——这里面首先考量的是伦理和隐私方面的问题。个性化的肠道基因组数据库是有个体安全和隐私方面的考虑的，在IT产品技术设置的时候，从数据底层就切断和云端的联系，在数据搭配的时候单次和单向不可逆使用，以防止可能出现的数据窃取。至于动植物的基因组数据库，会涉及不同国家的利益安全问题，但是既然是区块链，我们倾向于搭建一个有利于全人类的生物基因组图谱。

当然，在执行层面，我们先从联盟内部完成一些工作，比如一个国家内部，甚至一部分具体的行业内部，把食材的基因组数据库和生产企业的激励机制结合起来——前文已经提到，可能未来"公司"已然消失，不过我不认为这是2030年就能够完成的工作，但是完成一定数字激励的农业合作社，确实可以依靠链上通证机制，把基因组数据库的建设，作为奖励内容之一，以便于获得更多的基础数据。

或许，这是方兴未艾的基因组科研成果大规模商业化的契机。现在的基因组研究已经完全超出普通人可以想象的程度，早在20世纪90年代，人类就已经在实验室里通过克隆技术制造出一模一样的羊。

现在的基因组技术，在生物选种和育种方面，已经做了很多工作，但是我认为在科学伦理方面没有明晰和充分讨论的前提下，把基因编辑领域的科研成果大规模商业化，是不明智的。

生物进化到今天，大自然在漫长的基因突变和自然选择的过程中，构建了五彩斑斓的生物图谱，这是靠时间的力量来反复验证的：没有任何个体或机构能够取代时间的作用。神农尝百草，我们今天所食用的食材，是几千年甚至几万年的人类生存实践所检验出来的。对大自然，应充满敬畏。

所以，基因组技术的发展方向，不应该是充当创造新物种的角色，而是去全面而准确地描述大自然，从生物科技的角度勾勒出不一样的世界图谱，构建一个更有利于个性化食材的数据库。这里蕴含的商机，不比基因编辑少，但是更安全。

个性化食材的共识机制：食谱

现在我们已经建立起了两个数据库（基于区块链技术思想确保数据的真实可信，不再赘述），一个是消费者的个体基因组，尤其是和健康密切相关的肠道基因；另一个是食材的基因组大数据库。那么，把这两个库进行匹配的关键因素是什么呢？

我们可以称之为个性化食材的"共识机制"，寻找食材库和个体肠道基因的匹配一致性，那就是食谱（或者药方）。

食谱，可以理解为做具体某一道菜的配料、火候等内容，也可以理解为满足人体所需营养的食物构成，我们的"共识"是后者，也就是满足具体类型人体所需的食物构成。这样的一致性算法食谱是多种多样的，这些食谱构成的一致性算法便构成了个性化食材区块链。因此，饮食和人体代谢之间的紧密联系，完全可以照搬现有已经成熟的IT应用技术，比如协同过滤算法。

　　庞大的标准案例数据库工作变得无比重要，比如为了分析世界长寿之乡广西巴马的长寿老人为什么长寿，我们要采集他们的基因组数据、日常食谱构成，从而勾勒出这类人应该匹配的食谱数据库清单——包括正面清单和负面清单，宜什么，忌什么。

　　这样的标准案例数据库，是一个宏大而漫长的工作，极端的一致性算法标准，比如中医领域的"秘方"，可以理解为针对某一种疑难杂症的一致性算法标准。食谱和很多普遍性的食疗医疗方案，可以在开放性上做得更普惠，而对有强知识产权保护传统的"秘方"类一致性标准，区块链不可逆的技术特点就又发挥了它的长处，可以提供像个人的肠道基因组数据那样的信息拥有者的数据掌控权，不上到云端，单向不可逆。

　　个性化食材的数据库匹配逻辑，是数据库按照"食谱"的一致性进行算法推荐，寻找类似案例匹配解决方案的过程。虽然天下万事万物唯一，为了吃得健康，有质量地延长生命，个性化要求不同的人匹配不一样的食谱。但是为了达到这一目的，尽量接近地匹配历史上相近的标准，这是最务实也是最高效的解决方案。

　　从消费者的使用角度而言，上述方案完成之后，他们就可以开始一个个性化食材（营养）之旅，在漫长的时间当中进行动态的调整，这个过程可以完成了解自己的身体—定制化饮食方案—执行并反馈的闭环。

　　系统首先会对消费者的各项身体指标进行检测，如体重、血糖、DNA、肠道菌群等，然后通过算法在数据库中寻找一致性，并生成一份专属的个性化食谱，消费者通过购买、烹饪或食用食品来完成，并且定期反馈结果，最终形成一个完整的消费闭环。

　　与此同时，消费场景也将发生重大的转变。个性化生活方式诞生之前消费者往往是根据自己想吃什么而购买食物，在未来"吃什么"这个问题将会交给系统完成，按照消费者的专属食物清单和食谱下单购买。

○……●

个性化食材的数字共识

　　个性化食材（营养）的特点可以概括为：健康、专属定制、功能食品和精准营养。其主要分为两大类：一类是具有某种健康标签，比如低糖低盐、低卡路里、高蛋白质、高纤维等；另一类则是有针对性的膳食补充剂，比如针对老年人的高钙奶，以及针对坏血病患者的维C泡腾片等。

　　但是个性化食材（营养）的美好设想，在当前的商业推广上并不适用于包装和预包装食品。因为，现有的生产和监管模式都是按照标准化的形式展开的，不支持个性化。

　　首先，食材安全监管成本的要求是标准化产品，批次产品标签必须整齐划一，品质稳定，便于监管。其次，食品生产企业基于成本考虑，都会选择标准化的规模生产模式，降低成本并大量生产同一种产品以获得超额利润。

　　所以，未来十年的个性化食品市场发展趋势，会首先在生鲜类的初级农产品（包括道地中药材）领域取得突破，因为新鲜食材更加接近消费者对食用无添加剂食品的消费印象。在产品原型上，本来果蔬这些直接从田间地头出产的食材，也呈现出各种不一样的姿态，这对于个性化的需求也天然匹配。

　　但是，这种消费从根源上剖析，并非完全是奔着营养健康的目的，而是满足消费者的某种消费个性化健康食品的心理预期：我吃的东西就是要跟别人不一样。

　　有趣的是，区块链组织起来的个性化共识算法平台，在执行的时候却需要原料在某种程度上的标准化。举个例子，中医给病人开药（一般认为，"药食同源"，方子无非是对特定需求的人的食谱），会根据不同的病人开不同的方子，这就是"共识算法"的对症下药，即便同样是感冒，优秀的医生会根据不同的病人开出不同剂量的方子。所以，某种程度上，医生希望药房抓的药材品质是能够保持一致的，因为品质的不同可能导致剂量的变化。这也是区块链个性化需求对于食材（药材）领域标准化的贡献。

　　基因组数据库和个性化肠道基因组数据，按照标准的食谱数据库进行算法匹配，其发展和进步的方向就变成了如何把"共识"食材标准划分得更细致，从而对原材料的生产过程提出更高的要求。

例如，配合白茶对原产地和存放时间的标准要求，我们可以把茶叶分为存放一年的茶、两年的茶，甚至十年以上的老白茶（寿眉），从个性化健康的角度出发，并不是所有的人都适合喝更昂贵的老白茶。这样，区块链对于食材原料的追本溯源的重要性便再次凸显出来。

所谓负面清单，指的是特定的先天禀赋和身体状况，不适宜哪些食材，医学上叫作"过敏原"，人们需要从一开始就清楚地知道哪些东西是不能吃的。现代医学已经能够大致告诉我们针对性的过敏原，比如有人不能吃鸡蛋、有人不能喝酒，但是并不能告诉我们某些不能深层次禁忌的饮食方式。例如，西方人夏天喝饮料习惯放冰块，长期饮用不会有健康问题，但是大多数中国人长期这样会变得阴阳失调，身体出现亚健康状态。

这是区块链食谱标准需要扩大和深入的原因，也是区块链把食谱数字化变成数字"共识"之后提炼出来的数据价值。这也是个性化食材这个未来农业的新兴领域最大的商业价值：个性化匹配的"共识算法"是金矿，知识的力量以科技的形式闪亮登场，一个真正的健康知识付费的时代徐徐走来。

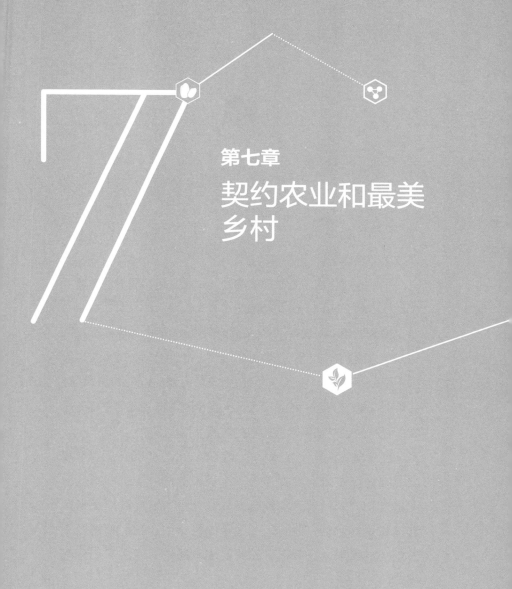

第七章

契约农业和最美乡村

采菊东篱下，悠然见南山。

纵使经过历次工业革命的洗礼，中国文化最深的羁绊还是土地、农耕文明和士大夫精神。

中国是全世界现存不多的可延续古代文明的国家，尽管两百多年来附着在现代科技爆炸和商业、社会治理、城乡发展模式上面的思想历经变迁，尤其是改革开放40多年来现代科技和商业文明的大发展和人口大迁徙，也无法抹去我们在最深层次，也就是生产关系之上的乡村情结。

经济基础决定上层建筑，当前的过剩模式和化肥农业模式，究竟能不能把我们带入一个更幸福的社会，现有的分配模式和对农村资源的配置模式究竟是不是最能均衡长远利益和短期利益，业界对此是存有共识的：我们都需要更节约、更科学、更有利于人民追求幸福生活的生产和分配模式。

2030年中国农业的未来场景：为了建设最美丽的中国乡

村，最终归结于农村商业伦理的重塑和农民素质的提升，归结于一个个以契约农业为基础的处处青山绿水的数字社会，这是保证一切得到大发展的基础。

○·····●

提高农民素质

　　所有的产品问题，最后的根源都可以归于人的问题——有关农业，农民的问题是核心。

　　由此，农业区块链的目标是重建一套赏罚分明的农村组织架构机制，以及着眼未来的长效价值观。当然，前提都是数字化的。

　　上文讲到我国的农村组织，2.6亿农户每户经营土地都在50亩以下，组织能力差，沟通成本高，取得共识往往需要付出巨大的代价。在当下农村，谈好的事情变卦的例子比比皆是。2019年在广西某农业为主的县进行合作整合，在当地政府的主导下，引进了某央企和科研机构，也确定了比较科学的种养殖方案，但是到了实际操作的时候，农民对土地的租赁价格起了分歧。这地的租金原本是1000元/年，项目组去谈1800元/年也不租，原因是农户知道这个事儿是政府和外来的大企业介入，坐地起价。所以，因为预算问题，这个项目只能往后搁置。

松散的农户在交易面前，首先想到的是自己能不能获得更大的利益，准确地说应该是一次性的短期利益。这些土地原来的用途是种植玉米，一年的收益不过几百块钱，而且还要费人工，只要种地就赔钱。如果没有政府的长远规划和整合利好，松散的交易可能就是以1000元/年的土地流转价格成交，但是实际因为未来预期的改变，农户要价太高导致项目搁置，最后这1000元的收益可能也得不到。

化肥农业发展到今天，也是因为一件件短视的行为酿成了现在在农业生产上的大面积的化肥和激素的使用。20世纪80年代前的农业生产中，并没有这些复杂而高效的化肥和杀虫剂，农业生产虽然效率低，但是产品绿色健康。随着进口的农药和各种化肥的使用，单位亩产提高而人力成本大大降低。种子（包括家禽和家畜）也如此，抗病虫、高产量、好看的，也就是产生经济效应高的逐步取代了经济效应低的；育肥快出栏时间短的品种——多是进口品种的家畜和家禽，逐步把农村的土猪、土鸡、土牛、土羊等淘汰。

大多数发达国家都对外来物种入侵如临大敌，生怕外来物种对本国的生态平衡造成毁灭性的影响，而中国过去这些年因为发展经济作物的原因，变成全球农业外来物种开枝散叶的大国。

我们重拾对自然规律的敬畏和对规则的尊重，常需要静下心来反思，建立一套更利于研讨和传播的数字平台。

短视，不能着眼未来是一方面，不同农户的知识文化能力、道德水平和商业契约能力也参差不齐。经常会遇到这样的情况，一个村子里，有的人安于贫穷好吃懒做，有的人积极进取勤劳致富。勤劳致富的人，经常会被道德品质差的好逸恶劳的人使坏。极端情况是，养鸡养鱼的，下毒；种果树的，砍树偷果子。

道德水平和生活态度的差异，让两种价值观的人很难整合在一起，而土地资源则是分到各家的，实际的整合需要价值观的统一，这是一个难点，也是基层农村工作最难的地方。

思想层面的价值观统一，也有着现实的整合需求。

2019年国家统计局发布的数据：从城乡结构看，城镇常住人口84843万人，比上年末增加1706万人；乡村常住人口55162万人，减少1239万人；城镇人口占总人口比重（城镇化率）60.60%，比上年末提高1.02个百分点。

改革开放40多年，从南到北，中国乡村以肉眼可见的速度在消失，尤其是远离一、二线城市和城市中心，失去城市卫星功能的村子：学校消失了，医院消失了，邮局也挪到了更大的地方，连县一级的都只剩下农业银行和农村信用社，人们都搬到至少是乡里去住。村子里只剩下古老的石头房子和废弃的建筑物，慢慢变成野生动物的乐园。

自然村落的整合是一个大趋势，这样做有一个好处是人

聚集在一起，便于管理，沟通成本更低了，有一定的规模效益。但是坏处是，以前居住在村子里的时候大家分的土地推门就可以耕种，现在需要走很远的路，增加了务农的性价比，务农的人就更少了，荒废的土地也越来越多。

土地是优质农产品生产最重要的资源，但是人们都不耕种了，怎么能够获得优质的产品呢？另外一个问题是，这些积聚起来的人多是贫困人群，小农经济思维习惯让他们只会种地，依靠类似转移支付这样的政府补贴生活。但是时间长了没有学到新的技能，没有自我造血能力，他们如何生活呢？

适应新环境下的生活技能，对于学习能力相对较差的大多数人群，是一个全新的课题。适应不好，又变成了新的不稳定因素。

依靠行政命令对自然村落的整合，在没有进行数字化工具和手段加持的背景下，效率是很低下的，也会造成很多难以解决的问题，比如上文提到的价值观的统一问题，就很难做到奖励勤勉守信的，惩戒好逸恶劳、好吃懒做的。

但是如果通过漫长的推介，建立起了区块链的契约共识，自然村的整合在某种程度上便会变得事半功倍。

十年后的中国农村，已经初步建立起了以合作社为基础的契约主体。在区块链上，交易和征信的一级参与者是各个有信用基础的合作社，这些合作社生产和销售各种当地特产。随着人工智能和现代设施农业及农业科技的发展，半自动和全自动的生产效率大大提升。并且，大社群对于"契约"的共识机制发生作用，价值信息流在城乡之间良性运转；同样，合作社根据不同的乡村和当地文明，结合都要遵守的契约共识，把当地的文化习俗以价值观的形式写进区块链，让那些破坏合作社公平运营规则的人无处遁形。

荒废的村子，只是在物理形态和居住功能上被淘汰，原有居住地的农地，因为"十里不同风"的特性不可或缺。在消费端完整地展示其稀缺性和独特价值的加持下，通过订单农业反向推动，配合政府投资完善农村基础设施建设，农业种养殖有良好收益后会形成良好的闭环。

地会有人种，土猪会有人养，在合作社的内部会形成公平的分配机制，会以规模化的方式进行劳作和运转，生产符合现代商品流通特性的产品。

数字农业合作社

合作社对农民的改造，由小农经济向现代农业和农业产业工人的转变，是未来十年数字农业的突破重点。"数字合作社"的推行，会让这个过程变得更高效和可行。

农业效率的提升，把农民转变成农业产业工人，需要从以下几点开展：

首先，按照现代农业的组织架构设想，勾勒出符合合作社或企业的工人画像：遵守用工纪律，科学操作，养成多劳多得结果导向的价值观等。

除了这些普适性的内容，还需要结合当地文化，把区别于其他地方的良性乡村文化写进管理章程，比如对创新的额外奖励和对好逸恶劳者的区别惩戒等。

其次，按照以上原则，需要对农民进行职业化培训，而培训教材的编制就是一项非常基础且需要解决的工作。现在的很多培训，多是注重种养殖技能的，比如养猪技巧、玉米种植技巧等，缺乏职业和生产技能及营销电子商务等方面的知识培训。

在未来大的数字农业区块链上，培训课程和教材是非常重要的数字资产：涉及通识的，比如现代农业的组织架构、电子商务，以及某一项特定产品的种养殖技能等；具有针对性的，比如巴马香猪的培育和营销方案，天山雪莲的培育和市场等。

在这样一条专注于现代农业的知识链上，内容和沟通交互的部分可以用大数据的云存储，而其知识产权和归属，可加以保护及进行相应的合理激励。手机和移动互联，以及未来的万物互联，会让更广泛的农村接触到更科学的知识，解决农民的基本知识需求和素质提升。

对于我国的农业合作社或乡镇涉农企业，政府力量的参与和引导是必不可少的，虽然政府介入经济行为是一种备受争议的做法，但是在当前的农村组织中，因为农业投资时间长、见效慢，政府背景的国有企业适时介入，对于整合和规模经济起效很大，这是民营经济和小农经济所不具备的优势。

目前，我国的县域农业经济的确是以财政旗下的农投公司，或者农林投公司的形式进行的。在基层，国有企业相对于小农经济和民营资本是更有信用的，农业适度规模化的信用基础由他们来完成，这具有当下的必然性。而且，财政全资的国有企业，除了盈利目标，还肩负着产业扶贫、解决劳动力的就

业问题等社会指标，因此在农村产业转换的过程中起到中流砥柱的作用。

　　不过国资企业总是面临着激励不足的问题，这也是区块链思想要面对的一个方面。解放思想，按劳分配，引进员工权益股和混改等机制，发行区块链基础的公司内部权益通证（Token），都能够在一定程度上解决这些问题。内部以智能合约的形式写下这些权益，对于引领整个农业板块的信用提升，激励员工的主人翁精神，是能够起到一定作用的。

　　前文所述的案例，因为农民临时涨价而被无限搁置的投资项目，可以通过农民以土地入股，变成农业产业工人在企业工作的形式攻克难题。人人信服的区块链契约，以不可抵赖的方式让参与各方共享项目发展的红利。

合作社的治理结构

"数字合作社"之所以更符合农村的实际，是因为在信用生态上，农村并不完全适配城市的管理生态，比如"五险一金"等社会福利制度，不可能完全或持久覆盖到广袤的农村，农民自身的造血能力和合理的利益分配才是解决问题的关键。

合作社组织，首先在信用维度上最大的好处是组织信用取代个体信用。

未来的数字农村，是一种全国分层的信息矩阵。

第一层级的数字底层，是覆盖农业技术知识、生产、物流、销售等基础智能合约，包括金融解决方案。第二层级是各个数字信用社组织，可以根据不同的区域文化形成各自的合约。第三层级是各个数字信用社对于农业产业工人的管理。

需要强调的是，数字农业合作社是一种民主集中的组织架构，采用强信用节点的决策流程，然后把决策上链。

层级之间的信用交互，在信用社内部包括：日常工作评定、工作量、成果、配合、分配，以及意见和反馈等。信用社之间包括技术交流、信用拆借、商业往来等。农业部、市场监管部门、卫计委、环保部门等第一手的政策，在第一层级展示。前文我们讲到了食品安全的分段管理，在第一层级的信息公示上，可以在一定程度上规避政出多门的问题。

数字农业合作社第二方面，是把一些社会治理功能数字化。例如，农业版的企业福利、养老、医疗、保险等。不过本书聚焦在农业区块链应用，社会治理部分不再赘述。就农业生产经营而言，合作社一定程度上承担着农民向农业产业工人转化的职责。

而第三层级的农业产业工人和数字合作社之间，是最基础的社会治理业态。有一种观点认为，未来区块链治理进行到一定程度，甚至"公司"这种形式都会消失。现有的农业合作社是以公司制的模式进行的，公司之所以能够产生，原因在于一方面明晰责权利，产权是谁的，收益权归谁。另一方面，公司成为经济行为的细胞，便于管理和资源有效配置，承担着财富分配的作用。

区块链把内部管理透明化、程序化，把责、权、利共识机制的形式程序化自动执行，良性运转之后用于管理的成本大大降低，用于生产的力量就会得到补足。

　　数字农业合作社，实际上变成了一个个治理共识有差异的区块链生态。数字化生活的信用问题一旦解决，生产关系不再是问题，那么能量就都用在生产力上。当下中国化肥农业的问题是农民生产过剩，但是东西不好，造成了农业生产者流失严重。一旦绿色有机农产品成为行业主流，生产者分配更多的财富，那么绿色农业和生态农业的蓬勃发展肉眼可见。

生态农业和生态文明

最美乡村，首先是青山绿水，其次是契约精神，更重要的是文明的升华和重塑。

管子说："仓廪实，则知礼节；衣食足，则知荣辱。"意思是百姓的粮仓充足，丰衣足食，才能顾及礼仪，重视荣誉。

化肥农业向生态农业的转型升级和回归，其背景也是生产了太多低品质的农产品之后对供给侧消费升级的需要，人们从吃饱到吃得健康的需求提升，从入口的食品，反思未来乡土中国的新型组织形式和文化文明。

中国目前正在经历的这种从化肥农业向生态农业的转型和反思，在日本20世纪六七十年代就经历过。中国的化肥农业从20世纪80年代开始，到今天约40年，一代人从青年变成老人，经历了完整的人生周期。

有过小农经济经验的老人，对食物的味道更敏感，经常会听到他们的抱怨：怎么现在的肉没有小时候好吃了？菜没有味道？

　　从物质的满足到精神的满足和回归，是化肥农业向生态农业转型的数字生活需要。我们需要在一个较为干净的数字平台上分享和交流这些文化和文明，比如老人们小时候吃的土猪，比如某一种被市场经济淘汰的已经消失了的鸡种，比如城里长大的孩子们从来没有见过的某一种可入药的植物。

　　生态文明首先是从原有的文化断层中重建的，这种文化的断层是饱和攻击的市场竞争的结果。例如，鹊山鸡是已经被大规模生产淘汰了的一种地方鸡种，其和出栏时间短、长肉快的白羽鸡相比，需要智慧的长者提供平台去传播它的相关知识。

　　生态文明的农村，绿水青山，现代科技需要以一种恰当的方式介入。例如，外来物种的移植、生物育种和育肥技术的审慎使用，背后的伦理流程不能仅仅是走过场，长效的机制和考量应该让全社会参与——效率低就低一些吧，共识产生的过程是讨论和试错的结果。

　　生态农业的思想，首先是天下万物均有其用。在农业种养殖品类上需要去中心化，数字化的世界里，总能给某一种孤独的物品匹配上合适的买家，长尾理论不仅仅用于销售，更用于满足特定的精神和文化及归宿。其次，个性化食材体系的搭建，意味着在容忍不同的菜单的同时，接纳不一样的饮食文化，并对不同的文明保持足够的敬畏。再次，生态农业意味着人类从被名利异化的状况中回归，幸福的标准不仅仅是身价，身体健康、谈吐得体、朋友遍天下也是财富重要的组成部分。人们愿意为这些买单，也愿意为一个更多元化的成功的标准支付成本。同样，人们也愿意读万卷书，行万里路，天下之大，处处风景大不同。

法国乡村的小酒庄，日本乡下的小渔村，爱斯基摩人的雪屋……

中国的美丽乡村，需要在满足物质文明的基础上，向更文明的方向发展。我们需要区块链提供形态各异的文明，以夯实的物质基础，彰显各地特色，重建我们的美丽乡村，也重建我们的乡村文明。

参考文献

［1］唐塔普斯科特，塔普斯科特 A．区块链革命［M］．凯尔，孙铭，周沁园，译．北京：中信出版集团，2016．

［2］斯宾诺莎．伦理学［M］．贺麟，译．北京：商务印书馆，1983．

［3］罗尔斯．正义论［M］．何怀宏，等译．北京：中国社会科学出版社，1988．

［4］卢梭．论人类不平等的起源和基础［M］．邓冰艳，译．杭州：浙江文艺出版社，2015．

［5］卢梭．社会契约论［M］．李平沤，译．北京：商务印书馆，2011．

［6］纳拉亚南，贝努，费尔顿，等．区块链技术驱动金融［M］．林华，王勇，等译．北京：中信出版集团，2016．

［7］蒂尔，马斯特斯．从0到1：开启商业与未来的秘密［M］．高玉其，译．北京：中信出版集团，2015．

［8］韦尔奇 J，韦尔奇 S．商业的本质［M］．蒋宗强，译．北京：中信出版集团，2016．

［9］舒尔茨. 改造传统农业［M］. 梁小民，译. 北京：商务印书馆，2006.

［10］霍华德. 农业圣典［M］. 李季，译. 北京：中国农业大学出版社，2013.

［11］温铁军，杨帅. "三农"与"三治"［M］. 北京：中国人民大学出版社，2016.

［12］曼昆. 经济学原理［M］. 梁小民，译. 北京：北京大学出版社，2015.

［13］威廉姆森. 交易成本经济学［M］. 李自杰，蔡铭，译. 北京：人民出版社，2008.

［14］维格纳，凯西. 区块链：赋能万物的事实机器［M］. 凯尔，译. 北京：中信出版集团，2018.

［15］黄三文. 个性化食品［R］. 深圳：第五届国际农业基因组会议暨深圳国际食品谷研讨会，2019.

［16］VAN GORCOMR. 全球食品安全［R］. 深圳：第五届国际农业基因组会议暨深圳国际食品谷研讨会，2019.

［17］GIDLEYM. 全球食品健康［R］. 深圳：第五届国际农业基因组会议暨深圳国际食品谷研讨会，2019.

［18］SANDERSD. 全球农业食品健康创新［R］. 深圳：第五届国际农业基因组会议暨深圳国际食品谷研讨会，2019.

［19］萨缪尔森，诺德豪斯. 经济学［M］. 萧琛，译. 19版. 北京：商务印书馆，2017.

［20］ 吴军. 浪潮之巅［M］. 4版. 北京：人民邮电出版社，2019.

［21］ 乔普拉，迈因德尔. 供应链管理［M］. 陈荣秋，译. 6版. 北京：
中国人民大学出版社，2017.

［22］ 马丁. 供应链精益六西格玛管理：2版［M］. 崔庆安，徐春秋，
李淑敏，译. 北京：机械工业出版社，2019.

［23］ 杨潇. 数字经济［M］. 北京：人民邮电出版社，2019.

［24］ 金江军. 数字经济引领高质量发展［M］. 北京：中信出版集团，
2019.